绍兴黄酒酿制技艺

绍兴黄酒酿制技艺

总主编 杨建新

浙江省非物质文化遗产代表作丛书

浙江摄影出版社

杨国军 编著

总 序

浙江省人民政府省长 吕祖善

　　中华传统文化源远流长，多姿多彩，内涵丰富，深深地影响着我们的民族精神与民族性格，润物无声地滋养着民族世代相承的文化土壤。世界发展的历程昭示我们，一个国家和地区的综合实力，不仅取决于经济、科技等"硬实力"，还取决于"文化软实力"。作为保留民族历史记忆、凝结民族智慧、传递民族情感、体现民族风格的非物质文化遗产，是一个国家和地区历史的"活"的见证，是"文化软实力"的重要方面。保护好、传承好非物质文化遗产，弘扬优秀传统文化，就是守护我们民族生生不息的薪火，就是维护我们民族共同的精神家园，对增强民族文化的吸引力、凝聚力和影响力，激发全民族文化创造活力，提升"文化软实力"，实现中华民族的伟大复兴具有重要意义。

　　浙江是华夏文明的重要之源，拥有特色鲜明、光辉灿烂的历史文化。据考古发掘，早在五万年前的旧石器时代，就有原始人类在这方古老的土地上活动。在漫长的历史长河中，浙江大地积淀了著名的"跨湖桥文化"、"河姆渡文化"和"良渚文化"。浙江先民在长期的生产生活中，创造了熠熠生辉、弥足珍贵的物质文化遗产，也创造了丰富多彩、绚丽多姿的非物质文化遗产。在2006年国务院公布的第一批国家级非物质文化遗产名录中，我省项目数量位居榜首，充分反映了浙江非物质文化遗产的博大精深和独特魅力，彰显了浙江深厚的文化底蕴。留存于浙江大地的众多非物质文化遗产，是千百年来浙江人民智慧的结晶，是浙江地域文化的瑰宝。保护好世代相传的浙江非物质文化遗产，并努力发扬光大，是我们这一代人共同的责任，是建设文化大省的内在要求和重要任务，对增强我省"文化软实力"，实施"创业富民、创新强省"总战略，建设惠及全省人民的小康社会意义重大。

浙江省委、省政府和全省人民历来十分重视传统文化的继承与弘扬，重视优秀非物质文化遗产的保护，并为此进行了许多富有成效的实践和探索。特别是近年来，我省认真贯彻党中央、国务院加强非物质文化遗产保护的指示精神，切实加强对非物质文化遗产保护工作的领导，制定政策法规，加大资金投入，创新保护机制，建立保护载体。全省广大文化工作者、民间老艺人，以高度的责任感，积极参与，无私奉献，做了大量的工作。通过社会各界的共同努力，抢救保护了一大批浙江的优秀非物质文化遗产。"浙江省非物质文化遗产代表作丛书"对我省列入国家级非物质文化遗产名录的项目，逐一进行编纂介绍，集中反映了我省优秀非物质文化遗产抢救保护的成果，可以说是功在当代、利在千秋。它的出版对更好地继承和弘扬我省优秀非物质文化遗产，普及非物质文化遗产知识，扩大优秀传统文化的宣传教育，进一步推进非物质文化遗产保护事业发展，增强全省人民的文化认同感和文化凝聚力，提升我省"文化软实力"，将产生积极的重要影响。

党的十七大报告指出，要重视文物和非物质文化遗产的保护，弘扬中华文化，建设中华民族共有的精神家园。保护文化遗产，既是一项刻不容缓的历史使命，更是一项长期的工作任务。我们要坚持"保护为主、抢救第一、合理利用、传承发展"的保护方针，坚持政府主导、社会参与的保护原则，加强领导，形成合力，再接再厉，再创佳绩，把我省非物质文化遗产保护事业推上新台阶，促进浙江文化大省建设，推动社会主义文化的大发展大繁荣。

2008年4月8日

前言

总主编 杨建新

　　"浙江省非物质文化遗产代表作丛书"即将陆续出版了，看到多年来我们为之付出巨大心力的非物质文化遗产保护成果以这样的方式呈现在世人面前，我和我的同事们乃至全省的文化工作者都由衷地感到欣慰。

　　山水浙江，钟灵毓秀，物华天宝，人文荟萃。我们的家乡每一处都留存着父老乡亲的共同记忆。有生活的乐趣、故乡的情怀，有生命的故事、世代的延续，有闪光的文化碎片、古老的历史遗存。聆听老人口述那传讲了多少代的古老传说，观看那沿袭了多少年的传统表演艺术，欣赏那传承了多少辈的传统绝技绝活，参与那流传了多少个春秋的民间民俗活动，都让我深感留住文化记忆、延续民族文脉、维护精神家园的意义和价值。这些从先民们那里传承下来的非物质文化遗产，无不凝聚着劳动人民的聪明才智，无不寄托着劳动人民的情感追求，无不体现了劳动人民在长期生产生活实践中的文化创造。

　　然而，随着现代化浪潮的冲击，城市化步伐的加快，生活方式的嬗变,那些与我们息息相关从不曾须臾分开的文化记忆和民族传统,正在迅速地离我们远去。不少巧夺天工的传统技艺后继乏人,许多千姿百态的民俗事象濒临消失,我们的文化生态从来没有像今天那样面临岌岌可危的境况。与此同时,我们也从来没有像今天那样深切地感悟到保护非物质文化遗产,让民族的文脉得以延续,让人们的精神家园不遭损毁,是如此的迫在眉睫,刻不容缓。

　　正是出于这样的一种历史责任感,在省委、省政府的高度重视下,在文化部的悉心指导下,我省承担了全国非物质文化遗产保护综合试点省的重任。省文化厅从2003年起,着眼长远,统筹谋划,积极探索,勇于实践,抓点带面,分步推进,搭建平台,创设载体,干在实处,走在前列,为我省乃至全国非物质文化遗产保护工作的推进,尽到了我们的一份力量。在国务院公布的第一批国家级非物质文化遗产名录中,我省有四十四个项目入围,位居全国榜首。这是我省非物质文化遗产保护取得显著成效的一个佐证。

我省列入第一批国家级非物质文化遗产名录的项目,体现了典型性和代表性,具有重要的历史、文化、科学价值。

白蛇传传说、梁祝传说、西施传说、济公传说,演绎了中华民族对于人世间真善美的理想和追求,流传广远,动人心魄,具有永恒的价值和魅力。

昆曲、越剧、浙江西安高腔、松阳高腔、新昌调腔、宁海平调、台州乱弹、浦江乱弹、海宁皮影戏、泰顺药发木偶戏,源远流长,多姿多彩,见证了浙江是中国戏曲的故乡。

温州鼓词、绍兴平湖调、兰溪摊簧、绍兴莲花落、杭州小热昏,乡情乡音,经久难衰,散发着浓郁的故土芬芳。

舟山锣鼓、嵊州吹打、浦江板凳龙、长兴百叶龙、奉化布龙、余杭滚灯、临海黄沙狮子,欢腾喧闹,风貌独特,焕发着民间文化的活力和光彩。

东阳木雕、青田石雕、乐清黄杨木雕、乐清细纹刻纸、西泠印社金石篆刻、宁波朱金漆木雕、仙居针刺无骨花灯、硖石灯彩、嵊州竹编，匠心独具，精美绝伦，尽显浙江"百工之乡"的聪明才智。

龙泉青瓷、龙泉宝剑、张小泉剪刀、天台山干漆夹苎技艺、绍兴黄酒、富阳竹纸、湖笔，传承有序，技艺精湛，是享誉海内外的文化名片。

还有杭州胡庆余堂中药文化，百年品牌，博大精深；绍兴大禹祭典，彰显民族精神，延续华夏之魂。

上述四十四个首批国家级非物质文化遗产项目，堪称浙江传统文化的结晶，华夏文明的瑰宝。为了弘扬中华优秀传统文化，传承宝贵的非物质文化遗产，宣传抢救保护工作的重大意义，浙江省文化厅、财政厅决定编纂出版"浙江省非物质文化遗产代表作丛书"，对我省列入第一批国家级非物质文化遗产名录的四十四个项目，逐个编纂成书，一项一册，然后结为丛书，形成系列。

这套"浙江省非物质文化遗产代表作丛书"，定位于普及型的丛书。着重反映非物质文化遗产项目的历史渊源、表现形式、代表人物、典型作品、文化价值、艺术特征和民俗风情等，具有较强的知识性、可读性和权威性。丛书力求以图文并茂、通俗易懂、深入浅出的方式，展现非物质文化遗产所具有的独特魅力，体现人民群众杰出的文化创造。

我们设想，通过本丛书的编纂出版，深入挖掘浙江省非物质文化遗产代表作的丰厚底蕴，盘点浙江优秀民间文化的珍藏，梳理它们的传承脉络，再现浙江先民的生动故事。

丛书的编纂出版，既是为我省非物质文化遗产代表作树碑立传，更是对我省重要非物质文化遗产进行较为系统、深入的展示，为广大读者提供解读浙江灿烂文化的路径，增强浙江文化的知名度和辐射力。

文化的传承需要一代代后来者的文化自觉和文化认知。愿这套丛书的编纂出版，使广大读者，特别是青少年了解和掌握更多的非物质文化遗产知识，从浙江优秀的传统文化中汲取营养，感受我们民族优秀文化的独特魅力，树立传承民族优秀文化的社会责任感，投身于保护文化遗产的不朽事业。

"浙江省非物质文化遗产代表作丛书"的编纂出版，得到了省委、省政府领导的重视和关怀，各级地方党委、政府给予了大力支持；各项目所在地文化主管部门承担了具体编纂工作，财政部门给予了经费保障；参与编纂的文化工作者们为此倾注了大量心血，省非物质文化遗产保护专家委员会的专家贡献了多年的积累；浙江摄影出版社的领导和编辑人员精心地进行编审和核校；特别是从事普查工作的广大基层文化工作者和普查员们，为丛书的出版奠定了良好的基础。在此，作为总主编，我谨向为这套丛书的编纂出版付出辛勤劳动、给予热情支持的所有同志，表达由衷的谢意！

由于编纂这样内容的大型丛书，尚无现成经验可循，加之时间较紧，因而在编纂体例、风格定位、文字水准、资料收集、内容取舍、装帧设计等方面，不当和疏漏之处在所难免。诚请广大读者、各位专家不吝指正，容在以后的工作中加以完善。

　　我常常想，中华民族的传统文化是如此的博大精深，而生命又是如此短暂，人的一生能做的事情是有限的。当我们以谦卑和崇敬之情仰望五千年中华文化的巍峨殿堂时，我们无法抑制身为一个中国人的骄傲和作为一个文化工作者的自豪。如果能够有幸在这座恢弘的巨厦上添上一块砖一张瓦，那是我们的责任和荣耀，也是我们对先人们的告慰和对后来者的交代。保护传承好非物质文化遗产，正是这样添砖加瓦的工作，我们没有理由不为此而竭尽绵薄之力。

　　值此丛书出版之际，我们有充分的理由相信，有党和政府的高度重视和大力推动，有全社会的积极参与，有专家学者的聪明才智，有全体文化工作者的尽心尽力，我们伟大祖国民族民间文化的巨厦一定会更加气势磅礴，高耸云天！

2008年4月8日

（作者为浙江省文化厅厅长、浙江省非物质文化遗产保护工作领导小组组长）

目录

概述

作为世界上最古老的酒种之一，黄酒起源于中国，且为中国所独有。

中国黄酒的品种很多，主要分布在浙江、江苏、上海、江西、福建、河南、北京、广东、台湾等20多个省市和地区，其中又以绍兴黄酒、即墨老酒、惠泉黄酒、福建老酒、丹阳封缸酒、金华寿生酒、九江封缸酒、大连黄酒等较为著名。

不过，被中国酿酒界公认、在国际国内市场最受欢迎、最具中国特色的，首推绍兴酒。

概述

　　黄酒、啤酒、葡萄酒并称世界三大发酵古酒。作为世界上最古老的酒种之一，黄酒起源于中国，且为中国所独有。中国黄酒的品种很多，主要分布在浙江、江苏、上海、江西、福建、河南、北京、广东、台湾等20多个省市和地区，其中又以绍兴黄酒、即墨老酒、惠泉黄酒、福建老酒、丹阳封缸酒、金华寿生酒、九江封缸酒、大连黄酒

箪醪劳师

等较为著名。不过，被中国酿酒界公认、在国际国内市场最受欢迎、最具中国特色的，首推绍兴黄酒。

"汲取门前鉴湖水，酿得绍酒万里香。"绍兴酿酒的历史非常悠久。早在吴越争霸时期，越王勾践就"箪醪劳师"，把百姓送他的酒倒在绍兴城里的投醪河里，与士兵共饮，于是，便留下了"一壶解遣三军醉"的千古美谈。

作为"八大"、"十八大"名酒之一，长期以来，绍兴黄酒以其悠久的历史、文化积淀享誉中外。绍兴黄酒独特的酿制技法，精湛的操作技艺，深厚的历史底蕴，丰富的文化内涵，中国黄酒中无出其

酒文化图

右。绍兴黄酒不但是中国最好的黄酒，也应该是最能代表中华文明的"国酒"。有人曾经预测，中国最有希望成为世界品牌的，应该源自中国瓷器、中药和黄酒等传统文化产品。正如一位名家所言，越是民族的，越是世界的。

绍兴酒还是我国出口最早的黄酒。早在明朝时期，绍兴黄酒已开始出口，并远销东南亚。

绍兴黄酒，犹如一颗璀璨的明珠，不光为古城绍兴平添了夺目的光彩，其独特的风味、卓绝的品质、诱人的魅力，更令众多中外名士为之倾倒，沉醉其中。

提起"绍兴"，第一个让人联想到的肯定是绍兴的黄酒。中国历史上还没有哪一种酒像绍兴黄酒那样，是直接用当地的行政地名作为酒名的。由此可以断定，这种酒与绍兴地域必有着千丝万缕的联系。

[壹]绍兴黄酒产生的地域背景

绍兴地处我国东南，是国务院公布的首批24个历史文化名城之一，是一座"流淌在2500多年历史长河里的城市"、"一座没有围墙的历史博物馆"。这里"水木清华，山川映发，物产富饶，人文荟萃"，有"水乡、酒乡、桥乡、名士之乡、书法之乡、戏剧之乡"之美誉，驰名中外的绍兴黄酒便产于此。

绍兴位于北纬29°9′、东经120°5′，是中华民族发源地之一。

地处长江三角洲南翼，是钱塘江南岸浙江的地理中心和交通咽喉。总面积8256 平方公里，人口434万，其中，市区面积339平方公里，下辖绍兴、诸暨、上虞、嵊州、新昌、越城区等六个县市区。

绍兴属亚热带季风性湿润气候，土地肥沃，气候温和，日照充足，四季分明，被称为江南"鱼米之乡"。这里物产丰富，湖泊棋布，有曹娥江、浦阳江、杭甬运河和鉴湖等，水资源总量达58.8亿立方米。鉴湖水不但为当地生产和人民生活提供了便利，更为绍兴的酿酒业提供了优质丰沛的水源。

绍兴境内的矿产资源以非金属矿为主，金、铁、铜、银、锌、硅藻土、高岭土、叶腊石、石灰石、花岗岩、石英砂等60多种矿产较具开

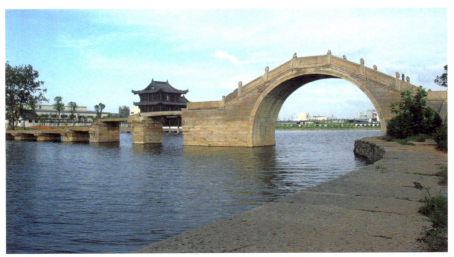

古鉴湖

发潜力和开采价值，其中铁、铜储量占浙江省总量的70%以上，硅藻土储量位居全国第一。

作为国务院首批公布的24个历史文化名城之一，绍兴被称为"一座没有围墙的博物馆"。置身其中，中国数千年灿烂文明、古建筑文化与独特的水乡风光融为一体，如同一幅绚丽多彩的历史长卷。绍兴，一个"千岩竞秀，万壑争流"和"三阴道上行，如在镜中游"的美丽胜地，一个令无数游人畅想和神往的江南宝地。这里民风淳朴，学源绵远，礼教崇隆，文风鼎盛，绍兴黄酒卓绝的酿制技艺在这里代代相传，绝非空穴来风。所谓"名酒出于名邦，于事绝非偶然。酒以城而名闻遐迩，城因酒而风望倍增"（浙江大学教授陈桥驿语）。绍兴黄酒文化，宏博而高雅；绍兴酿酒技艺，悠远而精湛，必将传承后世，发扬光大。

[贰]绍兴黄酒酿制的历史沿革

绍兴酿酒的历史非常悠久，最早可追溯到距今7000年左右的河姆渡文化时期。在河姆渡遗址中，发现了大量人工栽培的稻谷、谷壳、稻秆和稻叶，最厚处的稻谷堆积超过一米。遗址中还发现了传统炊具陶甑，虽然没有发现有酒的直接资料，但从发现的实物来看，酿酒的客观条件已经具备。

有关绍兴酒最早的书面文字资料始见于《吕氏春秋》。成书于秦始皇八年（前239年）的《吕氏春秋·顺民》载："越王苦会稽

之耻……有甘脆，不足分，弗敢食。有酒，流之江，与民同之。"史
称"箪醪劳师"。康熙《会稽县志》载："箪醪河（即今天绍兴城南
的投醪河）在县南，……勾践师行之日，有献箪醪者，投之上流，与
士卒共饮，战气百倍。今河中有泉，虽旱未尝涸。""会稽"即绍兴，
"醪"是一种带糟的浊酒，类似于当今老百姓自己家酿的米酒。由此
可以推断，早在2400多年前的春秋越国时期，酿酒之风在绍兴已十
分盛行。

西汉时期，为防止私人垄断酒类生产和销售，同时，也为了增加
国家的财政收入，汉武帝在天汉三年（前98年）春二月，在朝廷首创
了"榷酒酤"政策。所谓"榷酒酤"，就是由国家垄断酒类的生产和
销售，任何人都不得从事与酒相关的行业。这一事件成为了中国历
代酒类专卖和征收酒税的起源。"粗米二斛，曲一斛，得成酒六斛六
斗"，这是《汉书·食货志》对当时酿酒原料配比和出酒率的记载，
这一比例与今天绍兴淋饭酒采用的原料配比与出酒率极为接近。由
此，我们可以推测，现在绍兴黄酒的某些酿制技艺很可能承袭了西
汉以来的传统，再经逐步发展而成型。

被喻为"绍兴酒之血"的"鉴湖水"起源于东汉。东汉永和五年
（140年），会稽太守马臻发动民众围堤筑成了"鉴湖"，并将会稽山
的山泉汇聚到湖内，从而为绍兴地方的酿酒业提供了优质、丰沛的
水源，也为提升绍兴酒的品质以及日后绍兴黄酒驰名中外奠定了

基础。

　　魏晋时期，名士云集会稽（今绍兴），人才不断涌现，酿酒、饮酒的风气极为兴盛。《晋书》记载，山阴人孔群，"性嗜酒，……尝与亲友书云'今年田得七百石秫米，不足了曲糵事'"。一年收了700石糯米尚不能满足他酿酒的需要，酒风之盛可见一斑。晋时，上虞人嵇含写了一本《南方草木状》，其中记载："南海多美酒，不用曲糵，但杵米粉杂以众草叶，治葛汁滫溲之，大如卵。置蓬蒿中荫蔽之，经月而成。用此合糯为酒，故剧饮之，既醒犹头热涔涔，以其有毒草故也。"该书是我国现存最早的植物学文献之一，书中记载的酿酒

马臻

技法与目前绍兴酒酿酒用酒药采用辣蓼草作原料可以说是一脉相承。

在此期间，绍兴还发生了一件千古传颂的书坛雅事。

晋穆帝永和九年(353年)三月初三，"书圣"王羲之和名士谢安、孙绰等40多人在会稽山阴兰亭饮酒赋诗，举行"曲水流觞"修禊盛会，并趁着酒兴方酣之际，写下了千古书法珍品《兰亭集序》。通篇共28行、324字，凡遇重复文字，皆变化不一，可谓精美绝伦，被誉为"天下第一行书"。《兰亭集序》一举奠定了王羲之"书圣"的历史地位，为中国书法史和绍兴酒文化写下了浓墨重彩的一笔。遗憾的

兰亭

是，这样一件绝世书法珍品，由于唐太宗的爱不忍释，竟成为殉葬用品，《兰亭集序》从此遁迹于世。

到了南北朝，绍兴一带出产的黄酒已比较有名，一些为后世所传颂的不朽著作也相继问世，如贾思勰的《齐民要术》，便是后人研究绍兴酒的重要专著。这一时期，绍兴地方所产的酒，也由越王勾践时的"浊醪"慢慢演变为"山阴甜酒"。南朝梁元帝萧绎在其所著《金楼子》一书中称，他少年读书时"有银瓯一枚，贮山阴甜酒"。"山阴"即今天的绍兴。清人梁章钜在其所著《浪迹三谈》中认为，后来的绍兴黄酒就是以这种"山阴甜酒"为基础发展而成的，并说："彼时即名为甜酒，其醇美可知。"绍兴黄酒以醇厚、鲜美、甘甜、爽口见长，口味又集甜、酸、苦、辣、鲜、涩于一体，六味和谐，浑然天成。而这种酒又以"山阴"地名命名，自有其品质独特之处。由此可以认为，早在南北朝时期，绍兴黄酒的特色已基本形成。

唐宋时期，绍兴黄酒酿制技艺进一步完善，并进入全面发展阶段，绍兴也因之成为天下闻名的"酒乡"。唐时，绍兴经济已较为繁荣，加上清秀的山水，成为当时大家向往的地方。众多著名诗人如李白、杜甫、白居易、贺知章、崔灏、孟浩然、刘长卿、元稹、方干、张乔等，都和绍兴黄酒结下了深厚的缘分。他们或是绍兴人，或在绍兴做过官，或者慕名到绍兴游玩过。"酒中八仙"之首贺知章，晚年从长安返回故乡，寓居"鉴湖一曲"，饮酒作诗自娱自乐。张乔《越中赠》诗云："东越相逢几醉眠，满楼明月镜湖边。"众多名家诗人对绍兴黄酒的推崇和喜爱，不但扩大了绍兴酒的品牌影响力，使其美名远扬，还通过口碑传播，提升了绍兴黄酒的品牌形象。

宋代，酒税成为朝廷重要的财政来源。据《文献通考》载：北宋神宗熙宁十年（1077年），天下诸州酒课岁额，越州列在"十万贯以上"的档次，较邻近各州高出一倍。由此可见，当时绍兴酿酒业已非常兴盛。宋时，伴随着名酒曲、名黄酒的大量出现，有关制曲和酿酒技艺方面的专著也相继问世。如朱翼中的《北山酒经》、苏轼的《东坡酒经》、李保的《续北山酒经》、范成大的《桂海酒志》、张能臣的《酒名记》、窦苹的《酒谱》以及何剡的《酒尔雅》等等。特别是《北山酒经》，被视为酿酒界经典之作，国内外对此书评价极高。根据该书所记载的酿酒理论推断，宋时，我国的黄酒酿制技艺已达到了相当水平。

元、明、清时，绍兴酿酒业呈快速发展之势。期间，新品不断涌现，如以绿豆制曲酿成的豆酒和薏苡酒、地黄酒、橘子酒、鲫鱼酒等。明代，一些比较大型的酿酒作坊开始出现。如东浦"孝贞"、湖塘"叶万源"、"田德润"、"章万润"等较为有名的酿坊都创设于明代。这些酿坊资金实力雄厚，技术力量较强，个别酿坊还出现了专门负责推销的业务员。

清初，一些大酿坊如雨后春笋般兴起。"沈永和"、"云集"、

　　"章东明"、"王宝和"、"高长兴"、"善元泰"、"汤元元"、"谦豫萃"、"潘大兴"等大型酿坊都出现于这一时期。几经演变，其中的几家已发展成为当前中国知名的黄酒酿造企业。如由"云集酒坊"演变而来的会稽山绍兴酒股份有限公司，由"沈永和"演变而来的沈永和酒厂。康熙《会稽县志》曾有"越酒行天下"之说。清童岳荐编撰的饮食名著《调鼎集》对绍兴黄酒酿制技艺已有详细记载。文章开篇"吾乡绍兴，明以上未之前闻，此时不特不胫而走，几遍天下矣"；"余生长于绍，戚友之藉以生活者不一，山、会之制造，又各不同。居恒留心采问，详其始终，节目为缕述之，号曰'酒谱'。盖余虽未亲历其间，而循则而治之，当可引神批根，而神明其意也"。"山"即山阴，"会"即会稽，对照书中提及"吾乡绍酒"、"余生长于绍"以及"会稽北砚童岳荐书"等记述，可以推断，作者生长于绍兴的可能性极大。"酒谱"下设40多个专题，内容多达百

沈永和酿坊

条以上，但以绍兴酒内容最为珍贵，如原料鉴别、酿技、用具、经济等。书中罗列与酿酒有关的用具共103件，大至大榨、甑、灶，小至扫帚、石块，包罗万象，一应俱全，是研究绍兴黄酒酿制技艺的经典著作。清梁章钜《浪迹续谈》中说："今绍兴酒通行海内，可谓酒之正宗……至酒之通行，则实无他酒足以相抗。"清乾隆皇帝下江南时也曾多次品饮绍兴酒。清代诗人袁枚则在《随园食单》中赞美："绍兴酒如清官廉吏，不参一毫假而其味方真。又如名士耆英长留人间，阅尽世故而其质愈厚。"把绍兴酒比作品行高洁、超凡轶群的清官、名士，可谓推崇备至。

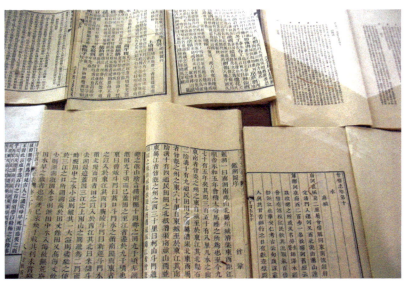

古书文稿

　　为扩大市场和销售，清时，一些有远见的酿坊开始在外地开设酒店、酒馆或酒庄，经营零售与批发业务。清乾隆年间，"王宝和"曾在上海小东门开设酒店，以后"高长兴"在杭州、上海开设酒馆，"章东明"除在上海、杭州等开设酒行外，又在天津侯家后开设"金城明记"酒庄，经营北方批发业务，并专门供应北京同仁堂药店制药用酒，年销量达万坛以上。

1915年绍兴酒获美国巴拿马万国博览会金奖正面图

1915年绍兴酒获美国巴拿马万国博览会金奖反面图

　　民国伊始，随着东西方交流的日趋增加，"西学东渐"之风盛行，来自西方的微生物学、生物化学等科技知识进入国门，有力促进了绍兴黄酒酿制技艺的提升，古老的酿酒技艺随之焕发出全新的光彩。

　　1912年，东浦乡周云集酒坊的吴阿惠师傅和其他酿酒师们，用糯米饭、酒药和糟烧，试酿了一缸绍兴黄酒，最后得到12坛成品酒。因此酒香味浓郁，口味鲜甜，广受百姓欢迎，酒坊随即逐年增加产量，供应市场。由于此酒酿造过程中加入了"糟烧"（采用黄酒糟堆积发酵、蒸馏得到的副产品），香味特别浓；又因酿制时只用少量白药，不加麦曲，故酒的色泽相对较浅，而酒糟则色白如雪，故名"香雪"。"香雪"酒是甜型黄酒代表，酒度和糖度均较高，比较适合餐前和餐后饮用，故常作为开胃酒。

1915年，为庆祝巴拿马运河建成，美国在加利福尼亚州旧金山市召开"庆祝巴拿马运河开航太平洋万国博览会"。中国、日本、法国、丹麦、瑞典、古巴、加拿大、意大利、阿根廷等几十个国家参会，总参观人数达1900余万人，美国副总统马沙、前总统罗斯福到会祝贺。在该次赛会上，东浦云集信记酒坊坊主、云集酒坊第五代传人周清选送的"绍兴周清酒"为绍兴黄酒获得唯一一枚金奖，这也是绍兴黄酒历史上第一枚国际金奖。在周清酒参赛过程中，曾得到过鲁迅先生的帮助。据史料记载，鲁迅先生当时在北京工作，他与陈师曾一起曾参与策划"筹备巴拿马赛会事务局"，而且十分关心中国国展的装饰情况。

民国十七年（1928年），周清根据其对绍兴黄酒酿制技艺实践和理论的掌握情况，撰写了著名的《绍兴酒酿造法之研究》一书。该书对绍兴黄酒酿制技艺的传承起到重要作用。目前，绍兴黄酒酿制技艺以及仿绍酒的酿造技术与书中所述基本相同。

书中不但对绍兴黄酒的成分和养身价值进行了研究，对绍兴酒的酿造原料、酿制技艺也进行了系统总结和分析。同时，还首次披露了参加1915年巴拿马赛会的物品等情况。据该书记载，1915年云集酒坊参赛物品如下：

小京装绍兴黄酒四坛（绍兴东浦云集信记酒坊牌号）；

木制模型三十余件；

绍兴黄酒研究之报告四张；

写真八张：

（1）精制白米图　　（2）榨取黄酒图

（3）研究绍曲图　　（4）洗涤热饭图

（5）蒸摊米饭图　　（6）煎灌绍酒图

（7）蒸馏烧酒图　　（8）酒樽堆立图

这也是迄今为止有关绍兴黄酒在"巴拿马赛会"获奖的唯一文字记载。

新中国成立后，国家即把绍兴黄酒这一传统历史名酒列入保护和发展之列。历代党和国家领导人非常重视对绍兴黄酒酿制技艺这一传统技艺的保护，并多次作出重要批示，为绍兴黄酒业的振兴和发展奠定重要基础。

1956年，国家决定发展绍兴黄酒。经批准，《绍兴黄酒整顿、总结与提高发展目标》项目列入国家12年科技发展规划。该项目主要由轻工业部上海食品工业研究所承担，也为揭开绍兴黄酒酿造奥秘、促进绍兴酿酒业快速发展奠定了基础。

1957年，经国务院总理周恩来批示拨款，"绍兴黄酒陈贮中央仓库"在云集酒厂兴建，旨在增加绍兴酒库存，提高绍兴酒品质。据"绍兴黄酒酿制技艺"国家非物质文化遗产项目目前唯一传承人代表王阿牛介绍，在厂房和库房的建设过程中还得到了一位苏联女专家的帮助指导。当时，在百业待兴的情况下，国家就将保护和发展绍兴黄酒列入议事日程，充分显示了党和国家对振兴绍兴黄酒业的重视程度。

1957～1958年，浙江省轻工业厅还组织编写了《绍兴黄酒酿造》一书，对绍兴黄酒酿造工艺以及详细操作规范进行了深入系统地总结，为提高绍兴黄酒的酿制技艺提供了科学依据。

上世纪80年代，绍兴酿酒业根据"一定要把绍兴黄酒搞上去"的批示，全面实施科技进步规划，引进国内外先进设备，在传统酿酒工艺中，运用现代科学技术手段，提高黄酒产量、质量，开发新产品。1987年，绍兴黄酒冬酿原料（糯米）供应发生困难。当时正在浙江考察的国务院副总理田纪云了解到这一情况后，当即电话指示国家商业部，要求保证绍兴黄酒酿造原料（糯米）的供应。在商业部的支持下，有关单位很快解决了绍兴黄酒冬酿原料（糯米）供应，确保了绍兴黄酒的正常生产和供应。

1996年5月，经国家科委、国家保密局批准，绍兴黄酒集团《绍兴黄酒工艺配方（制曲）技术》项目和东风绍兴酒有限公司（现会稽山绍兴酒股份有限公司）"传统绍兴黄酒酿造工艺及配方"被列为国家秘密技术。

1997年，为规范绍兴黄酒的生产和销售，绍兴市政府又专门成立绍兴黄酒生产办公室，制订绍兴黄酒生产管理条例，督促有关局、办和生产企业统一生产工艺，统一产品质量标准，实行优质优价政策，加强产品质量监督抽查，查处和关闭质量不合格企业，确保绍兴黄酒品质，维护绍兴黄酒声誉，使绍兴黄酒酿制技艺这一传统绝技不断发扬光大。

2000年，绍兴黄酒被国家质量技术监督局列为首批中华人民共和国原产地域保护产品，后改称国家地理标志保护产品，同年，"绍兴黄酒"、"绍兴老酒"获国家工商行政管理局商标局证明商标认定。2008年，全市有各类黄酒生产企业86家，年产黄酒45万千升，占全国黄酒产量的18%左右。其中，15家企业通过地理标志产品认证，并获得"绍兴老酒"、"绍兴黄酒"证明商标使用权，产量占绍兴酒总产量的80%以上。

[叁]绍兴黄酒的社会功能

绍兴素有酿酒之风，故有"酒乡"之誉。所谓"无村不酿酒，无人不沾酒"。绍兴黄酒酿制技艺是一种技术，其文化功能主要通过物化的产品——绍兴黄酒来体现。作为一种物质产品，绍兴黄酒的背后折射出的是绍兴地区的文化演变和发展。

绍兴黄酒文化作为吴越文化的一个重要分支,对古越文化乃至华夏文化的传播和发展发挥了极为重要的作用。绍兴黄酒历经千年传承的独特酿制技艺、丰富的历史积淀、独特的文化价值以及良好的物化性质,还有体现绍兴黄酒文化价值的文物以及一系列名胜古迹,使绍兴黄酒的文化传播和社会功能更为彰显,对绍兴当地的文化和社会发展产生深远影响,在促进对外文化交流和地方经济发展中发挥出举足轻重的作用。

1959年,绍兴黄酒进入钓鱼台国宾馆。随后,多次成为东西方文化交流的使者,为促进中外友谊和东西方文化交流发挥重要作用。1980年,柬埔寨西哈努克亲王偕夫人参观绍兴酿酒总厂,特选花雕酒为背景与厂领导合影留念。1987年,亲王和夫人再次访问酒厂,对企业新变化和快速发展甚感欣慰。1992年10月,绍兴酿酒公司专门制作塑有长城、梅花、富士山、樱花图案以及"一衣带水,世代情深"题字的花雕坛酒,作为国礼赠送日本天皇,并在日本掀起了一股"绍兴花雕酒热"。1994年,绍兴黄酒作为礼品赠送给台湾海基会副董事长焦仁和先生,成为推动海峡两岸关系发展,促进两岸文化交流的友好使者。1995年12月11日,绍兴工艺花雕酒被作为礼品在菲律宾国际商品展会上赠送给菲律宾财政部长,受到部长的高度赞誉。1998年6月,根据国家要求,绍兴黄酒集团公司专门制作100坛工

艺花雕作为国礼赠送美国总统克林顿一行。酒坛外观古朴精致、典雅庄重，内盛十年陈酿，坛壁绘钓鱼台风景、老寿星、天女散花等我国传统图案，上刻"美国总统克林顿访华纪念"等字样，充分表达了中国人民对美国人民的深情厚意。

　　与此同时，党和国家领导人对绍兴黄酒也是关爱有加。周恩来不但自己爱喝绍兴黄酒，还多次向国内外友人介绍和推荐绍兴黄

周恩来故居

酒，如曾经担任过外交部长的乔冠华。权延赤在《走下圣坛的周恩来》中这样描写："总理最喜欢和陈毅、乔冠华一道喝，有这两个人，气氛就热烈，就愉快。这两个人放得开，但是不粗俗；酒兴大发也不会讲出低级趣味，必是天南海北，天地文章；诗词歌赋，妙语连珠。所以，总理喝酒喜欢问两句话：'陈老总来不来？'或吩咐：'叫乔老爷来参加。'"

书中写写了这样一个故事。由于乔冠华数十年嗜酒如命，且酒量不逊周恩来。总理知道他这一喜好，故间有"犒赏"、馈赠。有一次，周恩来送给乔冠华一窖藏四五十年的陈年绍兴黄酒。乔冠华非常高兴，并请来冯亦代等酒友一起分享。面对香醇异常的佳酿，熟谙酒道的乔冠华虽然海量，久历酒场，也不敢造次。他很清楚，这种陈酒后劲很足，倘若不知深浅，贸然行事，即使酒场骁将，也难免贻笑大方。乔冠华小心翼翼地兑了新酒再饮用，其味果然醇厚无比，奇香扑鼻，座中之人皆连连赞叹称绝。

又有一次，周恩来对柬埔寨国家元首诺罗敦·西哈努克说："有机会你一定要去绍兴黄酒厂看一看，尝一尝。"周恩来于绍兴的热爱和对绍兴黄酒的推崇，或许缘于他的故土情结。1946年8至9月，应《纽约时报》当时驻南京记者李勃曼之约，周恩来谈及其个人经历和其他一些问题时，在说明个人祖籍的同时也提到了绍兴黄酒和绍兴的师爷。他说："我的祖父叫周殿魁，生在浙江绍兴。按中国的传统习惯，籍贯从祖代算起，因此，我算是浙江绍兴人。绍兴社会除劳动者(农民、手工业者)外，中上层有两种人：一种是封建知识分子，一种是商人，这两种人都是向外发展的。读书人的出路照例是中科举。而绍兴人则大批地当师爷，在全国各级衙门里管文案，几乎包办了全国的衙门师爷。师爷在旧戏里的脸谱是红鼻子，大概因为他们都是喝酒的。商人的出路是在各大城市开杂货店兼卖绍兴黄酒。"

我国改革开放的总设计师邓小平生前也非常喜爱绍兴黄酒，他不但自己爱喝，而且还用来款待客人、馈赠友人。1985年9月，邓小平在接待美国前总统尼克松时，请他品尝了绍兴黄酒，尼克松对绍兴黄酒赞不绝口。午餐后，邓小平将四瓶精装绍兴加饭酒送给了尼克松。

1993年，邓小平的女儿邓榕在香港参加《我的父亲邓小平》首发式，在接受记者采访时，邓榕说，邓小平已在他85岁那年遵医嘱戒了烟，现在每天喝一杯绍兴黄酒健身。一时间，香港迅速掀起了一股"绍兴黄酒热"，并拉动了绍兴黄酒在香港市场的销售。

党和国家第三代领导人江泽民对绍兴黄酒更是特别关爱。1995年5月，江总书记在浙江考察时，专程考察了绍兴黄酒集团，在详细了解绍兴黄酒的历史文化、酿造工艺、营养价值、获奖情况及陈列产品后，江泽民还一一品尝了"元红"、"加饭"、"善酿"、"香雪"绍兴黄酒的四大代表品种，并谆谆嘱咐："中国黄酒天下一绝，这种酿造技术是前辈留下来的宝贵财富，要好好保护，防止被窃取仿制。"

正是由于国家领导人对绍兴黄酒的关爱和绍兴黄酒自身卓尔不凡的品质，自上世纪50年代起，绍兴黄酒就被列为新中国招待国外贵客的国宴用酒，这一政策对于促进绍兴黄酒业的发展，提升绍兴黄酒品牌和知名度，起到积极的推动作用。

如今，绍兴黄酒不但是绍兴城市的一张金名片，更是绍兴的地方特色产业。应该说，绍兴深厚的历史积累孕育了绍兴黄酒，绍兴人民的智慧推动了绍兴黄酒酿制技艺的提升。绍兴黄酒在促进中西方文化交流，传播中国传统文化，促进地方经济发展和不同区域文化的交流方面发挥了极为重要的作用，这是有目共睹的，而基于深厚历史积累和丰富人文内涵之上的独特文化价值更是无可估量。

绍兴黄酒酿制技艺

绍兴黄酒具有独特的酿制技艺。从酿制原料的选择到酿制过程中的种种工序，无不体现出独特性。

绍兴黄酒酿制技艺

[壹] 绍兴黄酒酿制原料及要求

绍兴黄酒系采用上等精白糯米、优质黄皮小麦和鉴湖佳水为主要原料，经独特技艺酿制而成的优质黄酒。绍兴黄酒的酿制技艺极为复杂，涉及微生物学、有机化学、生物化学、无机化学等多门现代学科。虽然属于手工技艺范畴，却蕴含着极为深奥的科学智慧。

一、绍兴酒之"肉"——糯米

作为绍兴黄酒的重要酿造原料之一，糯米被形象地喻之为绍兴酒之"肉"。绍兴酒非常重视对糯米品种和质量的选择，一般选用上等优质糯米，要求精白度高、颗粒饱满、黏性好、含杂少、气味良好，并尽量选用当年出产的糯米。用这样

糯米

的原料酿酒出酒率高，酒的香气足，杂味少，有利于长期贮藏。同时，由于糯米中支链淀粉的含量高达95%以上，发酵后，酒中的多糖和功能性低聚糖残留较多，使酒的品质醇厚甘润。生产中，酿酒师将酿制绍兴黄酒所需的糯米要求归纳为"精"、"新"、"糯"、"纯"四个字。

二、绍兴酒之"骨"——麦曲

以小麦制成的麦曲是绍兴黄酒的又一重要配料，被誉为绍兴酒之"骨"，用量占16%以上。小麦营养丰富，富含蛋白质、淀粉、脂肪、无机盐等多种营养成分，具有较强的黏延性和良好的疏松性。为制得优质麦曲，应选用颗粒完整、饱满，粒状均匀，无霉变、虫蛀，皮层薄、胚乳粉状多的当年产优质小麦制曲，确保绍兴黄酒在近三个月时间内发酵所需的液化力、糖化力和蛋白酶分解力。麦

制曲用小麦

麦曲

曲质量对成品酒质影响极大,也是形成酒体独特香味和风格的重要原因。

三、绍兴酒之"血"——鉴湖水

鉴湖水不但是酿造绍兴黄酒的重要配料,也是绍兴黄酒的主要成分,被誉为绍兴酒之"血"。"汲取门前鉴湖水,酿得绍酒万里香",绍兴黄酒精湛的酿制技艺固然对绍兴酒的品质功不可没,但鉴湖水对促成绍兴黄酒的独特风格和越陈越香,更有着非同寻常的作用,鉴湖水是绍兴黄酒的灵魂。鉴湖水源出于崇山峻岭、茂林修竹的会稽山麓,集三十六源优质溪水,经过岩石和砂砾的逐级过滤,汇集成湖。湖水自净能力较强,湖底存在着上、下两个泥煤层,能有效吸附水中的重金属及污染物。鉴湖水具有清澈透明,溶氧高

鉴湖

（平均为8.75mg/L），水色低（色度10），透明度高（0.86m，最高可达1.40m），耗氧少等特点，非常适合酿造绍兴黄酒。这是先人们经过千百年的酿酒实践得出的宝贵经验，也被现代科学所证实。其最主要的原因在于鉴湖水中存在着众多对酿酒微生物如酵母、霉菌等生长发育起重要作用的微量元素，特别是水中钼、锶的含量比较高。上世纪50 年代浙江大学等几家科研单位曾对古鉴湖偏门河段水中的微量元素进行过检测，结果见表1。

表1   单位：μg/L

微量元素	铁	锰	铜	锌	铬	钼	钴	锶	硒	钒	氟
含 量	54.9	14.2	6.3	7.0	2.0	12.3	0.6	122.9	0.1	4.5	350

研究表明，鉴湖水补给区的漓渚江一带蕴藏着一座大型钼矿，当地花岗岩中含锶成分比较高，漓渚江水长年累月流入鉴湖，同时带来了很多微量元素。这些微量元素在酿酒时就成为酶的组成部分，或者作为酶反应的激活剂参与酿酒酵母的生化活动，从而对绍兴黄酒的品质产生积极影响。据酿酒师讲，用鉴湖水酿成的酒，酒色澄澈，酒香馥郁，酒味甘鲜，并具有鲜、爽、嫩、甜的特点，这是绍兴得天独厚的自然环境和地质条件所赐予的，并非人工所能合成。鉴湖水是"天成人功"的"福水"。

试验证实，同一位酿酒师，采用鉴湖水和外地水源酿酒，成品酒风味会有很大差异。抗战时期，绍兴有些酒坊曾在上海附近的苏州、无锡、常州、嘉兴等地开设酿酒作坊,并就近取用当地产的优质糯米作为原料,又从绍兴本地聘请酿酒师傅和酿酒工人,用绍兴传统的酿酒技法酿造绍兴酒,史称"仿绍酒"。但酿成的酒,无论色泽、香气、口味都不能和正宗的绍兴黄酒相比。其中原因,绍兴黄酒首块国际金奖得主周清曾有精辟论述。据载,周清所著《绍兴酒酿造法之研究》一书出版后,日本人首先将该书译成日文,并参照书中所述酿制黄酒,虽然酒的味道与绍兴黄酒有所类似,但绍兴黄酒越陈越香,而日本酒不到一年便发生质变。周清闻讯后一语道破其中玄机:"绍酒名驰中外,各处所难以仿造者,水质之不同也。"清梁章钜在《浪迹续谈》也说过:"盖山阴、会稽之间,水最宜酒,易地则不能为良。故他府皆有绍兴人如法制酿,而水既不同,味即远逊。"清童岳荐在其所著的《调鼎记》中对这一问题更有精彩论述:越州所属八县,山、会、萧、诸、余、上、新、嵊,独山、会之酒,遍行天下,名之曰"绍兴",水使然也。如山阴之东浦、潞庄,会稽之吴融、孙端,皆出酒之数。其味清淡而兼重,而不温不冷推为第一,不必用灰,《本草》所为无灰酒也……新、嵊亦有是酒,而却不同,新昌以井水,嵊县以溪水,造之虽好,不能久存,总不如山、会之轻、清、香美也。

[贰]绍兴黄酒酿制器具及设施

绍兴黄酒历来以手工方式生产,并沿袭古老的酿制技艺,绍兴

黄酒酿制器具大部分为木材、竹材以及陶瓷、石材制品,少量采用锡制品。按用途不同可分为:

酒药制作

瓦缸、缸盖、石臼、石槌、箧托、竹刀、竹筛、蒲席、木框、木椿、木盆、竹箩、竹匾、竹簟、蚌壳、稻草、砻糠等。

麦曲制作

粉碎机、石磨、拌曲机、拌曲盆、蚌壳、切面刀、木框、竹箩、竹簟、畚斗、扫帚、草包等。

浸米用具

瓦缸、担桶、米抽、扁担(有竹钩)、米筛、挽斗、漏斗等。

蒸饭用具

地灶、铁锅、风箱、饭蒸、稻草垫、蒲鞋、底桶、竹扛、竹簟、簸播等。

酿酒用具

瓦缸、瓦坛、大划脚、小划脚、木钩、木耙、担桶、木铲、挽斗、袋、缸盖、草包、竹簟等。

压榨用具

酒榨、榨梯、榨橛、榨酒石、绸袋、榨酒桶、漏斗等。

煎酒用具

地灶、铁锅、风箱、煎壶、汰壶、接口、秤、墨汁、剪刀、包坛箧、荷叶、竹箬、灯盏、仿单、毛笔、草、黄泥、泥刀、牌印、坛索等。

贮存用具

瓦坛（容量5升～25升）。

以下对酿制绍兴黄酒用主要器具作一介绍：

地灶　土灶以泥土、石灰、砖石砌筑而成，灶呈狭长。小酿户为单眼灶，只能置一口蒸饭甑。大、中酿户有双眼灶、三眼灶（该灶较少见）。煎酒老虎灶，略小于蒸饭地灶，其灶形如虎，故名"老虎灶"，为蒸馏烧酒之用。

瓦缸　酿造绍兴黄酒时用于浸米和主发酵的容器。陶土制，里外涂釉，使用前外刷石灰水，以便发现裂缝、防止漏水。

酒坛　后发酵和贮酒用容器。坛内外施釉，用前外涂石灰水，以便于查漏。每坛贮酒6千克～30千克。按盛酒容量多少，可分为：

京装	30 千克
小京装	6 千克
宁装	25 千克
随装	24 千克
建装	9 千克
大行使	16 千克

草缸盖　用稻草编成，为瓦缸的缸盖，供酿酒时保温用。

米筛 主要用于剔除原料米中的草屑、石粒、糠秕、碎米等杂质,共有两层不同孔径的铁丝筛,上层过米粒,除去粒径较大的杂质;下层除去糠秕和碎米。现已用筛米机替代。

蒸桶 主要用于原料糯米蒸煮用,木制。靠近蒸桶底的腰部,有一"井"字形木制托架,上面垫一圆形竹匾,再在竹匾上放一棕制圆垫,然后盛装原料糯米进行蒸煮。但用于制作淋饭和摊饭的蒸桶大小略有差异。

底桶 制作淋饭时,为确保上下饭粒温度均匀一致,盛取一部分温水作回淋用水,因此,在蒸桶底下放一个一边开有小孔的木盆,俗称"底桶"。

竹簟 由竹篾编织而成,供蒸煮好的米饭摊凉用,一般长4.8米、宽2.86米左右。

木耙 为一竹制手柄、木块制作耙身、竹片作齿而成的搅拌工具,主要用作搅拌发酵醪,控制醪液品温。

大划脚 摊饭操作时用作翻凉拌饭的工具,以檀木制成。

小划脚 摊凉的米饭落缸时用于搅碎饭团的工具。

木钩 摊凉的米饭落缸时用于搅碎饭团的工具,以檀木制成。本工具为工人采用的搅拌工具一种。由两人操作,一人手执小划脚,另一人用木钩钩住小划脚,当米饭落缸时反复搅拌。另一种方式由三人操作,操作时每人各执一支木耙,搅拌时的劳动强度较大。

木铲 制作复制糟烧时，将蒸透的糟粕扬散降温时所用工具，以檀木制成。

挽斗 盛水工具，根据容量不同有大小两种。

漏斗 系竹篾编制而成，一边结扎有半圆形的粗竹片一块。使用时以此钩住瓦缸边缘，将浆水灌入木桶。腰部放一三脚架，并将之置于酒坛粗腰的上部，供灌水入坛清洗用。

木榨 （附榨杠、绸袋、榨石）榨酒工具，为一杠杆式压榨机，以檀木制成。因榨框最高层离地3米左右，故另附木梯一座。每个榨杠高低不一，上层榨框较浅，下层榨框较深。和酒榨一起配套的还有用于盛"带糟"（发酵好的半成品）用的绸袋和压榨用的榨酒石。

煎壶 为成品酒煎酒（即杀菌）工具，以纯锡制作。壶中央有一"Y"形空道，可增加酒的受热面积。每壶可盛酒80升~90升。壶上方置有冷却器，旁有小孔，当酒液沸腾时，自动发声，故又名"叫壶"。壶口另置一小盖，供酒煎好除去冷却器时盖住壶口，以防操作时酒液外溅。

汰壶 供酒煎好后灌坛称重时补加不足酒液入坛之用，以纯锡制作而成。

[叁]绍兴黄酒酿制技艺及特点

一、绍兴黄酒酿制技艺

绍兴黄酒的酿造过程极为复杂和严谨。成形于北宋，兴盛于明清，发展于当代的绍兴黄酒酿制技艺是经过长期发展形成的，是我国的国粹，被誉为"天下一绝"，堪称中国酿造酒文化的典范，已成为中华民族宝贵的历史文化遗产。这套古老的传统酿酒技艺，不但国内称绝，在日本人眼中简直叹为观止，特别是曲麦制作技术，是中国的一大发明。"曲"是一种含有大量微生物的糖化发酵制剂，它开创了边糖化边发酵的复式发酵之先河，是世界酿酒业的一项创举。日本人光引入我国的制曲技术，就改革了清酒的形态，研究表明，日本清酒的酿造技术，即源于我国传统的黄酒酿制技艺。

绍兴黄酒之所以闻名遐迩，源于其独特的酒体风格，而酒体风格的形成，缘于酒药、麦曲、淋饭以及摊饭等一整套精致的酿制技艺。绍兴黄酒的酿造过程可以表述为：先在农历的七月份制作酒药、九月份制作麦曲待用；然后从农历十月份开始制作淋饭，也就是俗称的"酒娘"，最后采用摊饭法工艺酿制绍兴黄酒。以下一一予以阐述。

麦曲

　　酒药　俗称白药,又称小曲、酒饼。这种集糖化、发酵于一体的菌种保存方法是我国所独有的,也是中华民族在长期的酿酒实践中形成的集体智慧结晶。在晋嵇含所著《南方草木状》一书中对小曲制作技术有详细记载。

　　酒药一般在农历七月生产,采用新鲜早籼米粉和辣蓼草作为原料。酒药中含有丰富的根霉、毛霉和酵母等很多种微生物,菌系复杂而繁多,用不同酒药所酿酒的风味差异较大,原因在于酒药中所含的微生物群系和种类不同。酒药分白药、黑药两种。白药作用较猛烈,适宜在严寒的冬节使用,黑药作用较缓,适宜在温暖季节使用。绍兴黄酒的酿制全部采用白药,一般在每年的八月初生产,其原

酒药

料为早籼米粉和辣蓼草。酒药中的糖化菌（以根霉、毛霉菌为主）和发酵菌（以酵母为主）复杂而繁多，它们是制作淋饭酒母时的主要接种剂。因此，酒药质量的好坏，直接关系到成品酒的酒质。要制得好的酒药，必须在四个方面进行把关：一是要有优良的原种。生产上主要选用经过几十年甚至上百年驯化，发酵正常，温度易控，糖化发酵力强，生酸低，成酒品质好的酒药作为原种。二是必须精选原料。一般选择刚收获的早籼米和尚未开花的辣蓼草作原料，晒干、粉碎备用。所有的辅料要突出一个"新"字。三是要有一套严格的制药工艺和成熟的配方。四是要有经验丰富、责任心强的技工负责进行酒药的制作和培养。至于如何培养，个中细节，尚不能以言语加以表达。目前，酒药的制作技术是绍兴黄酒的核心机密，属于国家秘密技术。

麦曲 以小麦为原料，经轧麦、加水、拌和、踏曲、裁切、摆放，在合适的环境温、湿度条件下，富集培养有益微生物，制成酿酒专用糖化剂。绍兴黄酒一般在农历八九月间生产麦曲，此时气候温和湿润，非常适合曲霉菌等多种微生物的生长繁殖。因此时正值桂花盛开季节，故又称"桂花曲"。绍兴黄酒的酿制过程中，麦曲用量高达原料米的16%以上，因此麦曲质量的好坏对酒质关系影响极大。麦曲中含有酵母、霉菌、细菌等种类丰富的微生物，其中含量最多的是米曲霉，根霉、毛霉次之。此外，尚有少量黑曲霉、青霉及酵母、细菌等。麦曲不仅提供了绍兴黄酒酿制过程中所需的各种酶（如淀粉酶、蛋白酶），而且在制曲过程中积累形成的丰富代谢产物又赋予绍兴黄酒曲香浓郁、刚劲有力的典型风格。

淋饭酒母 又叫淋饭，学名"酒母"，俗称"酒娘"，意为"制酒之母"，是酿造摊饭酒的发酵剂。

淋饭一般在农历"小雪"前开始生产，经20 天左右养醅发酵，即可作为酒母使用。淋饭酒母制作工艺见图1：

图1 淋饭酒母制作工艺

酒药　麦曲　鉴湖水
↓　　↓
糯米→过筛→浸渍→蒸煮→淋水→搭窝→冲缸→开耙→灌坛→后酵→淋饭酒母

由于工艺中有将饭"淋水"这一工序，"淋饭"因此得名。淋水主要有两个目的：一是迅速降低饭的品温；二是使蒸好的饭粒良好分离，以利通气，促进糖化和发酵菌的繁殖。

采用淋饭法制作酒母，具有以下几个优点：一是酒药中的酵母菌经过高浓度酒精发酵环境，提高了菌种的适应能力，起到良好的驯化作用，使生产应用时起发快、发酵猛，有效抑制杂菌繁殖；二是可充分利用绍兴黄酒酿造的前期时间集中生产酒母，供给整个冬酿生产需要；三是可以有充裕的时间借助理化和感官检测鉴别淋饭酒母质量优劣，最后挑选口味鲜爽、老辣，性能优良的酒母作为发酵剂，确保冬酿生产顺利进行。

绍兴黄酒酿制（以绍兴加饭酒为例），工艺流程详见图2。

图2 绍兴加饭酒酿制技艺流程图

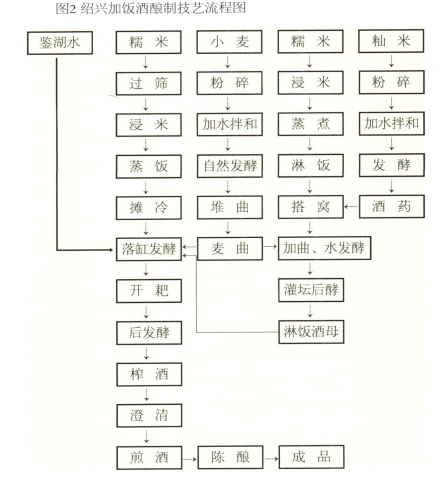

摊冷　绍兴加饭酒采用摊饭操作法（简称"摊饭法"）酿制而成。由于在生产过程中有将蒸熟的米饭倒在竹簟上摊冷这一工序，"摊饭法"之名由此而来。现代的绍兴黄酒酿造已改用鼓风冷却方式代替"摊冷"工序，从而极大地提高了工作效率。采用摊饭法酿成的酒，又称"大饭酒"，一般在农历"大雪"前后开始酿制，到次年"立春"结束。"摊饭法"是将冷却到一定温度的饭与麦曲、淋饭、水一起落缸拌和，进行发酵。

开耙　开耙是绍兴黄酒酿制过程中一个非常重要的环节。为确保发酵顺利进行，在原料落缸一定时间后必须适时"开耙"。所谓"开耙"，即将木耙伸入缸内进行搅拌，作用有二：一是调节醪液温度；二是适当供氧，增加酵母活力，同时排出醪液中积聚的二氧化碳。开耙操作是整个绍兴黄酒酿制过程中最难掌握的一项关键性技术，必须由经验丰富的资深酿酒师来把关。不同的酿酒师操作手法不同，所酿酒的风格也不同。开耙时应根据气温、品温、米质、淋饭和麦曲质量的不同灵活处理，及时调整操作方法，使醪液中各项化学反应顺利进行，有效协调糖化和发酵的平衡。

压榨　又称过滤。就是把发酵醪液中的酒和固体糟粕予以分离的操作方法。压榨出来的酒液叫生酒，又称"生清"。生酒液中含有大量悬浮物，较为混浊，因此必须进行澄清，使酒中大分子的糊精和蛋白质沉淀下来，以提高成品酒的稳定性能。

开耙

传统榨酒

　　煎酒　　煎酒，又叫灭菌、杀菌。主要采用蒸气加热方法，目的有二：一是杀死酒中的微生物，破坏残剩的酶活力，使酒中各种成分基本固定下来，防止贮存期间酒液酸败变质。二是促进酒的老熟，并使部分可溶性蛋白凝固沉淀下来，使酒的色泽变得更加清亮透明。

　　"煎酒"是绍兴黄酒生产的最后一道工序，若不严格掌握，会使成品

传统木榨

现代压榨

煎酒

酒变质而"前功尽弃"。"煎酒"这个名称是绍兴黄酒传统技艺沿用下来的。我们的祖先根据实践经验，知道要把生酒变成熟酒才不易变质而贮存的道理，因此早先采用的是把生酒放在铁锅里煎熟的办法，故称"煎酒"。

成品绍兴黄酒经煎酒后直接灌入23千克左右的陶质酒坛中。灌坛前，先将酒坛洗净沥干，外刷一层石灰浆水，刷石灰浆水既洁白美观，又起杀菌作用，还便于在蒸坛时发现"疵坛"。待干燥后盖上牌印，注明生产厂家、品种、净重、批次及生产日期，类似于商标的作用。灌坛前，酒坛、老酒均需经杀菌处理；灌坛后，坛口上覆荷叶、

仿单一

仿单二

灯盏、仿单和箬壳，最后用竹丝扎紧，上糊"泥头"，并利用坛内酒的余热自然烘干，干燥后入库贮存。

绍兴黄酒对封口的"泥头"很有讲究，一般挑选含砂石少的优质软性黏土，加入少量砻糖（砻糖的作用主要是作为强化剂）经拌泥机充分拌和，由人工糊成一个直径20厘米、高10厘米左右的"泥头"。"泥头"的作用主要有三个：一是便于运输；二是方便贮存，绍兴黄酒在仓库中贮存时最高要堆四层，而

荷叶

糊"泥头"

坛口又很小，糊"泥头"可以确保堆幢的安全性；三是促进新酒陈酿，用"泥头"封口可以有效隔绝空气中的微生物进入酒体，而坛内酒液又可自由"呼吸"，从而促进酒质陈化。绍兴黄酒正是因为有这样一套独特的包装技艺和优良的贮酒容器，才能使其久存不坏，酒香四溢。

　　贮藏　绍兴黄酒的贮藏又称"陈酿"，刚酿出来的新酒口味粗糙、闻香不足，较刺激，不柔和，通过"陈酿"可以促进酒精分子与水分子之间的缔合，促进醇与酸之间的酯化，使酒味变得柔和、馥郁。最后，酒的色泽、香气、口味都会发生比较显著的变化，酒体质量明显提高，并产生十分优雅的陈酒香。绍兴黄酒主要贮存在陶坛

早期陶坛

里，陶坛既是酿酒容器，也是贮酒容器。我们常说的绍兴黄酒越陈越好，只有在陶坛里才能实现。现在，盛装绍兴黄酒的陶坛容量一般在22千克~24千克。发酵正常的酒可以在陶坛里存放几十年不会变质，且质量越来越好。而绍兴黄酒珍贵的品质、精致的韵味、幽雅的意境也只有在品味陈酒之中才能得到淋漓尽致的体现。陶坛一般采用黏土烧结而成，坛的内、外部都要涂一层釉质，由于陶坛壁的分子间隙大于空气分子，因此，酒液虽然在坛内贮藏，但空气能够自由透过酒坛孔隙，渗入坛内的微量空气，其中的氧与酒液中的多种化学物质发生缓慢的氧化还原反应，促进酒的陈化。正是陶坛这一独特的"微氧"环境和坛内酒液的"呼吸"作用，使得绍兴黄酒在贮存过程中不断陈化，不断老熟，越陈越香。

由于贮存绍兴黄酒用的陶坛主要产于诸暨，故有"绍兴老酒诸暨坛"一说。和绍兴的老酒一样，绍兴制陶业的历史同样悠久。7000年前，于越先民已能制

早期酒坛

作陶器。民国时期，绍兴的陶制品以酒坛为主，中心产区在诸暨安平、洋湖一带。据1920年的《越铎日报》记载："诸暨安平乡坛业每年运销于绍兴者不下十余万金，贫民藉此度日者甚多。"1932年出版的《中国实业志》称："自浙江有绍酒以来，砂窑应运而起，全省砂窑34座，诸暨19座，产值32万元，诸暨25万元。"

　　绍兴黄酒独特的色、香、味、格令古今文人骚客叹为观止，其精美的包装艺术更令世人赞叹不已。陶坛绍兴黄酒的装潢以花雕彩坛为代表。清代，绍兴黄酒坛的彩绘形式主要有两种：一种是在烧制土坯前，在坛壁间以连贯的几何曲线刻上一些立体感较强的花草图案，并在坛壁间留四个光滑小圆，烧制成型后，上贴红纸，书写吉祥如意等词汇。也有用油漆涂刷后，或

坛装黄酒

花雕制作

书写，或画花草图案的。还有一种是请民间艺人，用凡红、朱红等颜色，用煤墨粉调成酱色，再在坛壁画上龙凤呈祥、吉祥如意、松梅竹菊等图案，也有用油漆调色代替的，俗称"画花坛酒"，又称"平面花雕"。据载，清咸丰年间，山阴东浦孝贞等酒坊均有画花坛酒销到南洋各地。至光绪年间，出产了一种22.5千克装的大画花坛酒，坛壁绘有武松打虎图案，从而成为花雕酒史上首次出现的人物彩绘。20世纪50年代初，绍兴花雕坛酒工艺取得新的突破，诞生了一种浮雕新工艺。至上世纪60年代初，25千克装花雕坛酒开始出口外销，并正式用"陈年花雕"作为商品名称。1988年，绍兴花雕酒被北京钓鱼台国宾馆列为国家专用礼品，还被作为国礼赠送给西哈努克亲王。在日本东京大酒店、法国巴黎食品博物馆、美国唐人街、新加坡等国商店，绍兴花雕酒还被作为异国珍品而收藏陈列。

二、绍兴黄酒酿制技艺特点

开放式发酵 绍兴黄酒在包括浸米、蒸饭、投料、发酵、压榨、澄清的整个酿制过程中，始终与外界保持接触。如此长的发酵周期内醪液能够良好发酵而不致酸败，主要原因在于前人独创了一套有效的技艺，如酿酒季节的选择、独特的"三浆四水"配方，"以酸制酸"操作手法等等，从而确保了发酵的顺利进行。

双边发酵（边糖化边发酵）   又称"复式发酵"。绍兴黄酒在陶缸和酒坛中的发酵模式既不同于白酒，先进行固态发酵后进行蒸

浸米

蒸饭

投料

发酵

后发酵

榨酒

煎酒

贮存

馏，也不同于全液态法的啤酒先进行糖化后进行发酵，而是糖化、发酵两个过程同时进行。因此，只有酵母菌的发酵和淀粉酶的糖化保持平衡，才能酿出品质优良的好酒。

醪液高浓度发酵　绍兴黄酒的发酵醪为固液结合态，其投料加水比例较低，一般为1：1.8，如此高的原料比却能酿出上等的好酒，这在世界发酵酒中可谓是独一无二。

低温长时间发酵　绍兴黄酒的发酵期正好处于一年中最冷的冬季，发酵时间长达90天左右。发酵结束后，醪液的酒精含量高

冬酿

达19%vol左右，如此高的酒精含量在世界发酵酒中可谓是绝无仅有。

[肆]绍兴黄酒的品鉴

绍兴黄酒的品鉴，主要从"观色、闻香、辨味、定格"四个方面进行。悦目的色彩会给人以美的享受，愉悦的香气更是绍兴黄酒品质的一个重要组成部分，而良好的味觉和格调更是酒的典型所在。

如果同时要品尝多个品种的绍兴黄酒，则要注意品酒的顺序。一般来说，先品酒精含量低的酒，再品酒精含量高的酒；先品口味淡的酒，再品口味浓的酒；先品糖分低的酒，再品糖分高的酒。

观色　对酒色泽的鉴别，主要是利用我们的视觉器官——眼睛对酒的外观包括色泽、透明度、澄清状况以及有无沉淀物作一个综合判定。

闻香　绍兴黄酒的

启封品酒

香主要源自酒醅发酵过程中产生的香即酒香（也称醇香）、作为糖化发酵剂和配料的麦曲所带来的独特的曲香，以及酒经长期贮存后产生的焦（糖）香、酯香（或叫陈酒香）综合形成的一种复合香。

辨味 绍兴黄酒的味，我们常讲的有六种，即甜、酸、苦、辣、鲜、涩六味，由于绍兴黄酒中所含的成分非常丰富，特别是酒中所含的20多种氨基酸，味觉更为复杂，如亮氨酸、甲硫氨酸等呈苦味，酪氨酸呈涩味，甘氨酸、丙氨酸呈甜味，天门冬氨酸、谷氨酸呈酸味，谷氨酸钠、天门冬氨酸钠呈鲜味。因此，在品鉴绍兴黄酒时我们一定要用心辨别，并注意各种味觉之间是否平衡和协调。一种真正的好酒，不但它的酒香是芳香舒适，引人入胜的，它的口味更应该具有醇和、柔美、醇厚、丰满、鲜爽的感觉。

定格 绍兴黄酒的风格是对绍兴黄酒色、香、味的综合感觉和评价，也称之为典型性。这是酒中各种化学物质综合反映到色、香、味三个方面的具体体现。作为传统历史名酒，绍兴黄酒的酿制技艺已臻完善，化学成分相对稳定，特别是已经形成了馥郁、芬芳、醇和、柔顺、甘润、醇厚这样一种平衡和谐、诱人欲饮、堪称玉液琼浆的酒体，典型性突出。

一、绍兴黄酒类型及品种

根据GB/T 17946—2008《绍兴酒（绍兴黄酒）》国家标准规定，根据产品酿制技艺及酒中所含糖分的不同，绍兴黄酒可以分为

四大类型,分述如下:

绍兴元红酒　含糖分15.0克/升以下。因过去在坛壁外涂刷朱红色而得名,系绍兴黄酒的代表品种和大宗产品。此酒发酵完全,含残糖少,酒色呈浅橙黄,清澈透明,具独特醇香,口感柔和、鲜美,落口爽净,广受嗜酒者喜爱。系干型黄酒代表。

绍兴加饭(花雕)酒　含糖分15.1克/升～40.0克/升,系绍兴黄酒中上等品种。"加饭"之名意在与元红相比,配方中水量减少而饭量增加。该酒酿期长达90天左右。酒色橙黄清澈,酒香馥郁芬芳,酒质丰美醇厚,根据饭量多少曾有单加饭、双加饭之分,后全部改为双加饭,外销又称"特加饭"。

此酒色呈琥珀色,透明晶莹,醇香浓郁,味醇甘鲜,深受中外消费者青睐。系半干型黄酒代表。曾有人试验,饮用陈年加饭酒之酒杯,如不洗涤,三日后空杯余香不绝。加饭酒是目前绍兴黄酒中产、销量最大、影响面最广的品种,也是市场主导产品。

绍兴善酿酒　含糖分40.1克/升～100克/升。系以1年～3年陈元红酒代水酿制而成,属酒中之酒。色呈黄褐,香显浓郁,味呈鲜甜,质地浓厚,特色显著。世界上只有中国有这样一种独特的酿制技艺。

"善酿酒"由沈永和酒坊第五代传人沈西山于光绪十八年(1892年)首创。系半甜型黄酒代表。取名"善酿",既有善于酿酒之意，又有积善积德之喻。

绍兴香雪酒　含糖分100.1克/升以上。采用糟烧（酒糟蒸馏后所得白酒）代水落缸酿制而成。陈学本《绍兴加工技术史》记述：1912年，东浦乡周云集酒坊的吴阿惠师傅和其他酿师们，用糯米饭、酒药和糟烧，试酿了一缸绍兴黄酒，得酒12坛，以后逐年增加产量，供应市场。由于酿制这种酒时加入了糟烧，味特浓，又因酿制时不加促使酒色变深的麦曲，只用白色的酒药，所以酒糟色如白雪，故称香雪酒。该酒色泽橙黄、清亮，芳香幽雅，味醇浓甜，风味独特。系甜型黄酒的代表。

二、绍兴黄酒主要成分

绍兴黄酒，天之美禄。我们在赞叹绍兴黄酒酿制技艺精良完美的同时，不能不对先人们的深邃智慧和高超技艺肃然起敬。仅仅用了糯米、小麦、鉴湖水这三种极为普通的原料，就酿出了清香四溢、名扬天下的琼浆玉液，使飞鸟成凤，游鱼成龙。那么，到底是哪些成分使得绍兴黄酒有如此神奇的魔力呢？如果我们以现代科学的视角来看，绍兴黄酒令人玩味、奥妙无穷的根源究竟在哪里呢？尤其是形成绍兴黄酒独特风格的风味究竟是由哪些主体物质所形成的呢？

经过研究，科研人员利用气相、气质联用、液相、原子吸收、氨基酸分析仪等多种现代高精密度仪器对绍兴黄酒进行了大量的科学检测和分析，发现绍兴黄酒的成分非常复杂，从已经检出的主要成分看，绍兴酒黄中含有醇、酯、醛、酸、酮、蛋白质、多酚、单糖、多糖、肽、氨基酸以及含量丰富的B族维生素、无机盐等10多个类别100多种复杂的物质。根据这些物质在绍兴酒中的含量多少，可以分为两个类别，即主要成分和微量成分。

1. 主要成分

构成绍兴黄酒典型特性的主要成分有水、乙醇、糖类（单糖、多糖）、蛋白质、有机酸、氨基酸等。

水　绍兴黄酒的主要成分，含量高达700克/升～800克/升。

乙醇　由酵母菌将酒醅中的葡萄糖转化而成，绍兴黄酒的乙醇含量为150克/升～190克/升。

单糖　绍兴黄酒中的单糖主要是葡萄糖，占酒中总糖的60%～70%。

多糖　主要有戊糖、麦芽糖、异麦芽糖、潘糖、异麦芽三糖等低聚糖，其中异麦芽糖和异麦芽三糖、潘糖是双歧杆菌的有效增殖因子，属于功能性低聚糖。

蛋白质　一般黄酒中的蛋白质含量为12克/升～16克/升。据分析，绍兴加饭酒中含蛋白质高达16克/升，绍兴元红酒中蛋白质含量为13克/升左右，绍兴善酿酒中为20克/升左右。可见，绍兴黄酒中的蛋白质含量在黄酒中是最高的，也是所有酒类中蛋白质含量最高的。

有机酸　绍兴黄酒中的有机酸主要有乳酸、乙酸、琥珀酸、磷酸、焦谷氨酸、柠檬酸、苹果酸、酒石酸、2-羟基异戊酸、2-羟基异己酸、2-羟基戊酸等，总含量达到4.5克/升~8.0克/升。实践证明，酸对酒的风味和陈化起着重要作用，故有"无酸不成味"一说。

氨基酸　绍兴黄酒中含有20多种氨基酸，包括人体必需的8种氨基酸，尤以亮氨酸、缬氨酸、苯丙氨酸、赖氨酸含量最为丰富。此外，绍兴黄酒中还含有色氨酸，这是许多植物性食品都没有的。

还有，绍兴黄酒中含有大量的游离氨基酸，总量达3.0克/升以上，对酒的口味和风味起着极为重要的作用。

2. 微量成分

构成绍兴黄酒香气和风味的微量成分主要有醛类、酯类、醇类、酚类、无机盐、微量元素等，这些微量成分在酒中的含量虽少，但对酒的风味、口感却起着至关重要的作用。而正是由于这些微量成分的差异，导致了各种酒独特的风格。目前绍兴酒中已知的微量成分有100多种。

醇类　除乙醇外，酒中还含有甲醇、正丙醇、正丁醇、丁二醇、异丁醇、异戊醇、β-苯乙醇等。醇在酒中既呈香又呈味，起到增强酒的甘甜和助香作用，还是形成酯的前驱物质。

酯类　主要有乳酸乙酯、乙酸乙酯、琥珀酸乙酯、甲酸乙酯、戊酸乙酯、丁二酸二乙酯、丁酸乙酯、β-羟基丁酸乙酯、3-二葡基甘油二酸酯等。

酚类　绍兴黄酒中的酚类主要为儿茶素、表儿茶素、芦丁、槲皮素、没食子酸、原儿茶酸、绿原酸、咖啡酸、P-香豆酸、阿魏酸、香草酸等。

醛类　主要有乙醛、糠醛、苯甲醛、异丁醛、异戊醛、香草醛等。

维生素　主要是B族维生素，如硫胺素（B_1）、核黄素（B_2）、尼克酸、泛酸、烟酸、叶酸、维生素H、维生素B_6、环己六醇、维生素C等。

无机盐和微量元素　主要有镁、钾、钙、钠、锰等常量元素和钼、钒、铬、铁、钴、银、铜、锌、硒、镉、锡、锑、铅、铋等微量元素。

三、绍兴黄酒感官特征

绍兴黄酒品质卓越，名扬海外。清童岳荐所著《调鼎集》中高度评价绍兴黄酒品质，书中认为："味甘、色清、气香、力醇之上品唯陈绍兴酒为第一。"由此说明，早在清代，绍兴黄酒之色、香、味、格已在众多酒类中独树一帜。GB/T 17946—2008《绍兴酒（绍兴黄酒）》国家标准对绍兴酒的感官要求规定如下，详见表2。

表2 绍兴黄酒感官要求

项　目	品　种	优等品	一等品	合格品
色泽	绍兴加饭（花雕）酒，绍兴元红酒，绍兴善酿酒，绍兴香雪酒	橙黄色、清亮透明，有光泽。允许瓶（坛）底有微量聚集物	橙黄色、清亮透明，光泽较好。允许瓶（坛）有微量聚集物	橙黄色、清亮透明，光泽尚好。允许瓶（坛）有少量聚集物
香气	绍兴加饭（花雕）酒，绍兴元红酒，绍兴善酿酒，绍兴香雪酒	具有绍兴黄酒特有的香气，醇香浓郁。无异香、异气	具有绍兴黄酒特有的香气，醇香较浓郁。无异香、异气	具有绍兴黄酒特有的香气，醇香尚浓郁。无异香、异气
口味	绍兴加饭（花雕）酒	具有绍兴加饭（花雕）酒特有的口味，醇厚、柔和、鲜爽、无异味	具有绍兴加饭（花雕）酒特有的口味，醇厚、较柔和、较鲜爽、无异味	具有绍兴加饭（花雕）酒特有的口味，醇厚、尚柔和、尚鲜爽、无异味
	绍兴元红酒	具有绍兴元红酒特有的口味，醇和，爽口，无异味	具有绍兴元红酒特有的口味，醇和，较爽口，无异味	具有绍兴元红酒特有的口味，醇和，尚爽口，无异味
	绍兴善酿酒	具有绍兴善酿酒特有的口味，醇厚，鲜甜爽口，无异味	具有绍兴善酿酒特有的口味，醇厚，较鲜甜爽口，无异味	具有绍兴善酿酒特有的口味，醇厚，尚鲜甜爽口，无异味
	绍兴香雪酒	具有绍兴香雪酒特有的口味，鲜甜，醇厚，无异味	具有绍兴香雪酒特有的口味，鲜甜，较醇厚，无异味	具有绍兴香雪酒特有的口味，鲜甜，尚醇厚，无异味
风格	绍兴加饭（花雕）酒，绍兴元红酒，绍兴善酿酒，绍兴香雪酒	酒体组分协调，具有绍兴黄酒的独特风格	酒体组分较协调，具有绍兴黄酒的独特风格	酒体组分尚协调，具有绍兴黄酒的独特风格

四、绍兴黄酒产品特色

色　绍兴黄酒一般呈浅橙黄色、橙色或橙黄色,对光观察,酒液清亮透明,色呈琥珀有光泽,晶莹发亮,赏心悦目,惹人喜爱。绍兴酒的琥珀色主要源自酿酒用原料小麦本身所带来的自然色素,以及外加的适量焦糖色,还有经由"美拉德反应"所形成的呈色成分。

香　绍兴黄酒芳香诱人,极为独特。研究表明,绍兴黄酒之香,并非某一特定成分单独呈香,而是众多单体经复合之后而生成的复合香味,主要由醛、酸、酚、酯、醇、羰基化合物以及氨基酸等数十类上百种物质共同形成。这种香气的形成,不但和绍兴黄酒独特的酿制技艺有关,更为重要的是,传统技艺酿酒过程中种类丰富的微生物产生了极为丰富代谢产物,加上绍兴酒在贮存过程中种类繁多的化学成分之间经酯化、氧化还原等化学反应所形成的一系列香味物质也有很大关系。正是如此多的化学物质的综合作用使得绍兴黄酒呈现出天下黄酒独一无二的曲香,这种香随着酒的陈酿时间的延长变得更为浓烈,更加沁人心脾。

味　绍兴黄酒的味主要包含甜、酸、苦、辣、鲜、涩六种。令人惊奇的是,绍兴酒中的六种味道非常和谐,非常调和,既互为融合,又相互制约,真正达到了藏而不露、张而不扬的至上境界。在品尝绍兴酒的过程中,这种似有非有,恰到好处的风味,可谓妙味天成,独步天下。

格 格即是绍兴黄酒的综合感觉。绍兴黄酒橙黄、清亮、透明的色泽,馥郁、芬芳、幽雅的香味,醇厚、爽口、鲜美的味觉体验,综合形成了绍兴酒外柔内刚、和谐协调、醇和优美这样一种非凡、独特的风格。

由于绍兴酒有这么一套经过千年传承的酿制技艺,使得其在品质上与普通黄酒存在着很大差异。下面以传统半干型黄酒为例,对GB/T 17946-2008《绍兴酒(绍兴黄酒)》和GB/T 13662-2008《黄酒》两个国家标准作一比对。详见表3、4、5。

表3 GB/T 17946-2008《绍兴酒(绍兴黄酒)》与GB/T 13662—2008《黄酒》国标理化指标比对

理化指标	GB/T 17946-2008 半干型绍兴加饭(花雕)酒	GB/T 13662-2008 半干型黄酒
酒精度(20℃)%vol	酒龄3年以下(不含3年) ≥15.5 酒龄3—5年(不含5年) ≥15.0 酒龄5年以上 ≥14.0	≥8.0
总糖(以葡萄糖计)克/升 总酸(以乳酸计)克/升 氨基酸态氮 克/升 非糖固形物 克/升 氧化钙 克/升	15.1~40.0 4.5~7.5 ≥0.60 ≥22.0 ≤1.0	15.1~40.0 3.0~7.5 ≥0.40 ≥18.5 ≤1.0
β-苯乙醇 毫克/升	不作要求	≥80.0
pH值(25℃)	3.8~4.6	3.5~4.6

续表

挥发酯（以乙酸乙酯计）克/升	酒龄3年以下（不含3年）　≥0.15 酒龄3年~5年（不含5年）　≥0.18 酒龄5年~10年（不含10年）≥0.20 酒龄10年以上　　　　　　≥0.25	不作要求

表4 GB/T 17946—2008《绍兴酒（绍兴黄酒）》与GB/T 13662—2008《黄酒》国标感官指标比对

感官指标	GB/T 17946-2008 半干型绍兴加饭（花雕）酒（优等品）	GB/T 13662-2008半干型黄酒（优级）
色泽	橙黄色、清亮透明，有光泽。允许瓶（坛）底有微量聚集物	橙黄色至深褐色，清亮透明，有光泽，允许瓶（坛）底有微量聚集物
香气	具有绍兴酒特有的香气，醇香浓郁，无异香、异气。三年陈以上的陈酒应具有与酒龄相符的陈酒香和酯香	具有黄酒特有的浓郁醇香，无异香
口味	具有绍兴加饭（花雕）酒特有的口味，醇厚、柔和、鲜爽、无异味	醇厚，柔和鲜爽，无异味
风格	酒体组分协调，具有绍兴酒的独特风格	酒体协调，具有黄酒品种的典型风格

　　GB/T 17946-2008 和GB/T 13662-2008 均属于推荐性国家标准。但是，我们可以发现，绍兴酒比黄酒国家标准的执行指标更为严格。

　　其一，由表可知，绍兴黄酒除了β-苯乙醇指标不作要求，总糖、氧化钙和黄酒国标一致外,其余各项质量指标均远高于黄酒国家标准规定。由此,绍兴黄酒的品质自然高于普通黄酒产品。

其二,对绍兴黄酒与其他发酵酒所含的氨基酸种类与含量作一比较,我们不难发现,绍兴黄酒的氨基酸含量不但远高于普通黄酒,也高于其他发酵酒。由表可知,绍兴加饭酒中的氨基酸含量是清酒的1.35 倍,啤酒的7.22 倍,日本清酒的3.83 倍,上海黄酒的1.75倍。绍兴黄酒由此被冠以"液体蛋糕"之名自在情理之中。

表5　　绍兴黄酒与其他发酵酒中氨基酸含量比对　　单位:毫克/升

酒名＼氨基酸	绍兴加饭酒	日本清酒	清酒	啤酒 I	啤酒 II	杭州黄酒	上海黄酒	青岛啤酒
丙氨酸	596.9	231	340	122	42	474	457	64
γ-氨基丁酸	—	—	—	—	30	微量	微量	—
精氨酸	599.6	127	390	58	46	320	242	18
门冬氨酸	307.7	125	290	5	—	173.9	400	40
半胱氨酸	微量		120	—	—			
谷氨酸	418.1	177	420	46	5	141.2	203	48
甘氨酸	287.4	111	290	39	10	197	243	—
组氨酸	130.4	33	80	25	16	47.1	47	19
异亮氨酸	186.7	79	210	21	16	260	158	9
亮氨酸	490.6		310	34	36	260	158	9
赖氨酸	431.2	49	180	12	11	166.7	82	10.4
蛋氨酸	64.9	31.1	40	5	—	44.1	41.2	—
苯丙氨酸	351.4	55	230	73	72	266.7	148	25
脯氨酸	515.4	100	400	380	131	372	300	96

续表

丝氨酸	348.1	46	200	8	—	181	216	—
苏氨酸	334.4	58	130	8	—	103.4	167	60
色氨酸	微量		10	—	40			
酪氨酸	306.0	91	230	81	64	377	225	38
缬氨酸	278.9	90	320	74	53	183	141	24
胱氨酸		微量				微量	微量	
鸟氨酸		5.1				46	87.8	—
半胱氨酸		21				38	63	
合　计	5647.7	1475	4190	991	573	3391.1	3231	451.4

　　其三，有人把绍兴黄酒与日本仿绍酒、日本清酒的成分进行比对分析后发现，两者的差异极为明显，见表6。

表6　　　　　　绍兴花雕酒与其他黄酒成分比对

项　目	台湾老酒	日本老酒	日本清酒	绍兴花雕酒
酒度（％）	16.4	15.9	17.1	17.9
日本酒度	+13.1	−8.6	−7.2	−2.9
PH	4.41	4.39	4.14	4.44
总酸	3.5	2.9	1.2	4.9
挥发酸	0.5	0.04	0.2	1.5
醋酸（毫克/100毫升）	17.0	12.9	2.3	30.2
酪酸（毫克/100毫升）	1.6	1.2	0.2	2.9

续表

3—DG	0.46	0.71	0.10	1.04
醋酸乙酯（毫克/100毫升）	3.01	5.10	3.87	5.33
乳酸乙酯（毫克/100毫升）	1.67	3.37	0.42	12.87

所有的检测数据均表明，绍兴黄酒中的氨基酸、总酸、总酯等呈味物质均超过其他同类型酒，其感官风味也明显区别于这些同类型产品。其根本在于绍兴黄酒独特而精湛的酿制工艺、不可复制的水质资源以及独一无二的区域酿酒优势。

五、绍兴黄酒的养身价值

自古以来，绍兴黄酒一直被视为养生健身的"仙酒"、"珍浆"，深受人们喜爱，这除了绍兴黄酒精美的品质之外，其良好的养身功效价值自然功不可没。绍兴黄酒精选优质精白糯米、小麦为主要原料，辅以鉴湖佳水，利用霉菌、酵母菌及细菌等多种微生物综合发酵酿制而成。酒中含有丰富的小分子氨基酸、活性多肽、多糖、多酚、有机酸、维生素、微量元素以及大量含氮化合物，营养价值比同是发酵酒的啤酒和葡萄酒高得多，特别是丰富的氨基酸含量居各种酿造酒之首。如果说，啤酒被称为"液体面包"，那么绍兴黄酒被称为"液体蛋糕"则当之无愧。临床研究表明，每天喝一二两绍兴黄酒可活血化瘀，预防血栓及心脑血管疾病的发生，起到养生保健、扶衰疗疾的作用，对身体健康非常有利。

小分子氨基酸极为丰富　据分析：绍兴黄酒含总固形物3.5克/升~240克/升，含氮物1.6克/升~2.8克/升，碳水化合物28克/升~200克/升，氨基酸254.82毫克/升~564.76毫克/升。值得一提的是，酒中含量丰富的氨基酸，共有18种之多，包括人体必需而自身又不能合成的8种氨基酸。尤其是能助长人体发育的赖氨酸，其含量与啤酒、葡萄酒和日本清酒比，要高出2~36倍，这在世界酒类中是绝无仅有的。氨基酸是蛋白质的分解产物，也是构成生命的重要物质，必需氨基酸又是人体生长发育和维持体内氮平衡所必需的，体内不能自行合成，而绍兴黄酒可直接供给人体所需的各种氨基酸。表7是绍兴加饭酒中必需氨基酸与葡萄酒、人体血液中的必需氨基酸含量对照。

表7　　　　　　　　　　　　　　　　　　　　　　　　单位：毫克/升

氨基酸种类	绍兴花雕酒	葡萄酒	正常血液中含量
苏氨酸	331.8	16.4	9–36
缬氨酸	456.7	21.7	19–42
蛋氨酸	563.0	6.2	2–10
色氨酸	153.0	14.6	4–30
苯丙氨酸	431.7	25.5	7–40
异亮氨酸	357.6	12.4	7–42
亮氨酸	584.3	32.2	10–52
赖氨酸	332.5	51.7	14–58

含量丰富的有机酸　绍兴黄酒中的有机酸含量十分丰富，主要有乳酸、乙酸、琥珀酸、丁酸、磷酸等十多种。大多数在发酵过程中由细菌和酵母代谢产生。检测表明，每升绍兴黄酒中含有4500毫克以上的有机酸，其中乳酸占60%左右，乙酸占20%左右，焦谷氨酸占10%左右，琥珀酸占6%左右，酒石酸占4%左右，柠檬酸占1%～2%。所以，每饮用100毫升绍兴黄酒，即摄入了500毫克左右的低分子有机酸，这些有机酸进入人体后，可有效防止多种疾病的发生。

镇静降压助记忆　据江南大学和绍兴黄酒集团报道，借助现代检测手段，他们从绍兴黄酒中检测到包括GABA（γ—氨基丁酸）在内的多种活性物质和降胆固醇的生物活性物质。GABA 是一种非常好的生理活性物质，具有降血压、改善脑功能、增加记忆、镇静神经、高效减肥及提高肝、肾机能等多种生理活性，非常有益于人体健康。

富含功能性低聚糖　绍兴黄酒中已检出的功能性低聚糖主要是异麦芽低聚糖，主要成分为异麦芽糖、潘糖、异麦芽三糖等。作为国际上公认的第三代功能因子，异麦芽低聚糖能有效促进肠道双歧杆菌增殖，改善肠道微生态环境，降低血清中胆固醇及血脂水平，提高机体免疫力，预防各种慢性疾病的发生。

丰富的微量元素有助预防心脏疾病　绍兴黄酒中含有丰富的微量元素。据检测：绍兴黄酒中含有硒、锌、铁、铜、镁、锶、钼等10多种人体所必需的微量元素。硒是一种天然的肿瘤抑制剂，锌是人体中204种酶的活性成分，是维持正常生命活动的关键因子，锌在酒中以配合物态有机锌存在，具有极高的生物利用率，发挥重要的保健作用；铜、铁等是造血、活血和补血功能的关键成分；锰对调节中枢神经、内分泌和促进性功能有重要作用，还是抗衰老的关键因子，据研究测定，长寿老人血液中含量均高于一般人；钾、钙、镁对于保护心血管系统，预防心脏病具有重要意义。

美容养颜，感受"孔雀开屏"般的美丽　绍兴黄酒酒性温和，适量常饮可促进血液循环，加速新陈代谢。此外，绍兴黄酒中含有丰富的B族维生素，如维生素B_1、B_2、尼克酸、维生素E等，诚如专家所言，适量长期饮用可补血养颜，感受"孔雀开屏"般的美丽。

良好的药用价值　黄酒素和医药有关，据《汉书·食货志》中记载："酒，百药之长。"对黄酒祛病养身的良好作用古人早有认识。《本草纲目》上说"唯米酒入药用"。米酒即黄酒，它能气通血脉、厚肠胃、润皮肤、散湿气、养脾气、扶肝、除风下气。热饮甚良，能活血，味淡者利小便。在中医处方中常用黄酒浸泡、炒煮、蒸炙各种药材，借以提高药效。如黄酒泡制中药，能使药性移行于酒液中，服后有助于胃肠血液对药物的吸收，迅速地把中药成分运行至全身，使药的作用发挥得更好、更有效。《本草纲目》中详载了69种药酒可治疾病，这69种药酒均以黄酒制成。就是在科学发达的今天，许多中药仍以黄酒泡制。绍兴黄酒作为中国最好的黄酒，其功效较一般黄酒更显卓著。

调味功能　在闻名世界的"中国菜谱"中，很多菜都是用绍兴黄酒作调料的，它已成了餐馆、酒楼、家庭必不可少的佐料。绍兴黄酒酒度适中，酒性醇和，营养丰富。在烹饪中能很好地起到祛腥、去膻、解腻、增香、添味等作用。

六、绍兴黄酒饮用与配菜

对于绍兴的老百姓来说，空闲之时喝上几口绍兴黄酒已成了他们日常生活的组成部分。绍兴人喝酒，重品而不过量，往往一碟茴香豆、几粒花生米便喝得有滋有味。若遇客人光临，总会弄点绍兴特色菜，类似酱鸭、咸肉、鱼干等下酒，正如陆游在《游山西村》中所写的那样，"莫笑农家腊酒浑，丰年留客足鸡豚"。

不过，若想领略绍兴黄酒的真正韵味，还应重视对饮酒菜肴的选择，饮用不同类型的绍兴黄酒配以不同的菜肴，更可领略其独特风味。

一般情况下，绍兴元红酒与鸡、鸭、肉、蛋以及肥腻食物相配较为适宜；绍兴加饭（花雕）酒则宜配海鲜类菜肴，与牛、羊肉等荤菜相配也能相得益彰；陈年的加饭（花雕）酒特别适合尊贵、高雅的场合，这种酒最能渲染气氛，秋风乍起时节，若将绍兴十年陈酿与螃蟹相配，不仅鲜味相投，相互烘托，实在是人生一大至高无上的享

酒菜

配酒菜

受。而善酿酒一般选配甜味菜肴或与糕点同享，配荤素菜也可，尤以南方菜肴为佳；香雪酒则宜与甜菜、甜点相配，也可作为餐前开胃酒或餐后饮用。香雪酒不但酒精含量较高〔高达20%vol，含糖量也极高（200克/升左右）〕，但这种糖不是外加的蔗糖，而是由各种酶分解产生的葡萄糖，含在嘴里，甜而不腻，颊齿芬芳，具有独特的风味。

海鲜佐黄酒的美食感受　近年来，以海鲜佐黄酒成为黄酒消费一大亮点，尤其是以螃蟹配黄酒，更属饮中一绝。"秋风响，蟹脚痒"。每到金秋时节，蟹黄饱满，肉质细嫩，持蟹把酒，美食一绝。正如古诗所言："螯封嫩玉双双满，壳凸红脂块块香。"

黄酒性温，活血舒筋，非常有利于身体健康。黄酒中含有大量氨基酸和酯类物质，味觉层次丰富。首先，黄酒有杀菌、去腥之效，酒中所含的甜味氨基酸可以增鲜，从而使蟹等海鲜的鲜腥与黄酒香甜形成自然绝配。其次，螃蟹等海鲜中富含大量耐消化的高蛋白，在胃中的滞留时间长，可缓和酒对肠胃的刺激，避免立即醉酒，正如绍兴黄酒谚所说，"陈年花雕大闸蟹，滋滋咪咪到半夜"。再次，从健康角度而言，蟹和海鲜属于大寒食物，胃肠虚寒者吃了之后常会腹痛腹泻。如果配上活血祛寒的黄酒，则可以有效减轻或消除吃蟹等海鲜后的不适感觉，还可以减少患痛风的风险。所谓美食配美酒，才子配佳人。对于众多美食家而言，吃大闸蟹，品陈年绍兴黄酒，享受螃蟹黄酒这等绝配，实在是人生一种特别的享受。

别具一格的温壶饮酒 绍兴黄酒在古代饮用时常用注子和注碗，注碗中注入热水，注子中加酒后，放在注碗中进行温热。试验表明，温饮以40℃左右为佳。若酒温太高，则易使酒精挥发过多使酒淡而无味。温饮黄酒酒香浓郁，酒味柔和，寒冬季节最为适合。温饮时，酒中某些香味成分随酒温升高而挥发飘逸，使人倍感心旷神怡，也有助于养身健体。目前，已有绍兴黄酒企业销酒时赠送专用"烫酒壶"。即在陶瓷小碗中放一小酒盅，用盖盖住，饮时碗内注热水，酒盅内倒酒，放在热水中，盖上盖子，边饮边酌，边酌边饮，其乐融融。该容器以陶瓷制作，做工较为精细，可增情添趣。绍兴

锡制酒器

酒器龙柄鸡头壶

黄酒四大类型中,元红酒冬季宜温热饮用,并适合搭配肉类及蛋类菜肴。加饭酒既宜独饮,也可与陈年元红酒或其他甜型黄酒勾兑,更富生活情趣。善酿酒宜加温饮用,也可冷饮。香雪酒宜冷饮。此外,温热后的绍兴黄酒,无论元红、加饭、善酿及香雪,均可视个人口味需要适当调味,别具情趣。

寻找"堂吃"的乐趣 在绍兴的酒馆、酒店,往往都设有雅座,备酒菜,称为"堂吃"。如地处"鲁迅故里"入口处的会稽山酒店和绍兴咸亨酒店就是这种形式。到酒店"堂吃"饮用黄酒,既可享受聚饮的乐趣,又能感受到一番独特的现代"排档"风味。

慢慢品,是一种生活态度 绍兴黄酒的味觉层次丰富且复杂,口感鲜爽丰满,特色显著。饮用绍兴酒时需强调一个"慢"字和一个"品"字。

绍兴酒虽酒性温和,后劲却刚烈。正如《吕氏春秋》所言:"凡养身,……饮必小咽,端直无戾。"浅酌慢饮,既是饮酒养身的秘诀,也是绍兴酒酒性使然,同时,也是一种生活态度。只有这样,才能真正领略到绍兴黄酒的独特神韵。

作为一种色、香、味、格四者并重的饮料,绍兴黄酒的饮用是一

咸亨酒店

件极为高雅的活动，古有"曲水流觞"，今有国宴荣耀。饮用绍兴酒重在一个"品"字，所谓一口为干，三口为品，从"品"中找乐趣，在细品之中体验高雅的艺术享受，这也是高度文化素养和良好饮食习惯的表现。

尝试新的饮酒方式　随着绍兴黄酒从传统小店走向现代大都市，绍兴黄酒的饮用也从孔乙己的"曲尺形柜台"走向时尚酒吧。迎合新生活观的各种饮用方法应运而生。在香港和日本，绍兴酒流行饮酒加冰块；在国内上海、深圳等地，则流行热酒加话梅、冲鸡蛋；在天堂杭州，消费者喜欢用热酒冲姜丝。此外，还有人将不同类型的绍兴酒以不同比例混合，或以果汁、啤酒、雪碧等饮料与绍兴酒兑饮，中西合璧，又另显个性和特色。

　　在日本餐馆，绍兴黄酒还有一种独特饮法，即在玻璃杯内先加些冰块，然后注入少量酒，再加冷水稀释，最后放入一片鲜柠檬或樱桃点缀，视觉感受极好。微呷一口，如同一股清泉入腹，倍感舒服。日本的宝酒造株式会社曾给绍兴黄酒起过一个非常别致的名字，叫做"上海宝石"。日本人虽然他们有自己的国酒——清酒，也是大米酿制，但他们却十分喜欢来自中国的绍兴黄酒。这从他们赴中国大陆观光，在餐馆就餐时，总是不忘点一瓶绍兴黄酒便可窥其喜爱程度。

　　不过，如果你想真正领略绍兴黄酒的"精华"和韵味，还得饮用原汁酒，即不经过任何调配的酒，最好是贮存三年以上的绍兴加饭或花雕，这种酒空杯留香，味道极为柔和，特有韵味。而对于刚刚接触绍兴黄酒的初饮者，则可以选择善酿（半甜型）、香雪（甜型）类产品，也可选择帝聚堂、状元红、丽春酒、三味健酒等新品种。这些产品将绍兴黄酒的传统技艺和现代技术有机结合，酒度较低，口感比较新颖。

　　总之，绍兴黄酒的饮用方法因人而异，无一定成规，以适合个人口味为好。只要符合佐食佐饮科学，能领略到绍兴黄酒天赋的独特风味，均可算饮法得当。不过注意一点，混饮酒口味虽好，但应视饮者身体状况，酌情饮用为好。

　　夏季饮用绍兴黄酒的良好功效　有人认为夏天不适于饮用绍兴

酒，这完全属于误解。夏季由于气温较高，人体代谢速度加快，体表通过大量出汗排泄体内代谢产物，人体消耗加大。为维持机体正常的生理代谢功能，机体对各种营养素的需求随之增加，而绍兴酒中人体所需的各种营养素又较为全面，含量也相当高，且可为人体直接吸收。因此，夏季适量饮用绍兴酒不但可补充人体正常生理代谢所需的大量营养素，维持体内能量和营养平衡，而且可以促进血液循环，加速体内代谢产物的排泄，改善人体内环境，提高心血管系统的抗病能力。对此，医学家李时珍早有论述："少饮则和血行气，壮神御寒……若夫暑月饮之，汗出而膈快身凉；赤目洗之，泪出而肿消赤散，此乃从治之方焉。"近年来，绍兴黄酒企业还针对夏季消费特点开发了一些专供夏季销售的酒，如"稽山清"等。对于夏季饮用绍兴酒，大家还可视各人兴趣爱好不同进行调制，如与果汁兑制鸡尾酒，或加冰块、冰镇，既降低了酒温和酒度，又增加乐趣。

七、不同饮法和疗效

凉喝　凉喝黄酒，消食化积，有镇静作用。对消化不良、厌食、心跳过速、烦躁等有疗效。

温饮　温饮黄酒，能驱寒祛湿，对腰背痛、手足麻木和震颤、风湿性关节炎及跌打损伤患者有益。饮用温热的绍兴黄酒还可以开胃，因为酒中所含的酒精、有机酸、维生素等物质，都有开胃功能，能有效促进人体腺液分泌，进而增进食欲。

浸黑枣、胡桃仁　补血活血，健脾养胃，是老幼皆宜的冬令补品。

与桂圆、荔枝、红枣、人参同煮　可助阳壮力、滋补气血，对体质虚衰、夜寝不安、元气降损、贫血、遗精下溺、腹泻．月经不调均有疗效。

浸鲫鱼，清汤炖服　能增加哺乳期妇女乳汁。

红糖冲老酒温服　可补血，祛产后恶血。

用老酒调蒸阿胶服用　对妇女畏寒、贫血有较好的疗效。

热酒冲鸡蛋　将黄酒烧开，然后将已打开的鸡蛋冲成蛋花，再加入红糖，用小火熬制片刻。常饮可补中益气、强健筋骨，对神经衰弱、神思恍惚、头晕耳鸣、失眠健忘、肌骨萎脆等症也有一定效果。

八、如何鉴别与选购绍兴黄酒

1. 绍兴黄酒品质鉴别

众所周知，绍兴酒品质超群，风味独特，但在实际生活中，我们能不能用相对简便的方法来鉴别绍兴黄酒的品质呢？我国传统中医诊病有所谓"望、问、闻、切"一说，其实，对绍兴黄酒我们也可以通过看、闻、尝等一些简单的步骤来进行辨别。

观色泽　将酒瓶举起，对光观察，品质优良的绍兴黄酒色泽橙黄，清澈透明，光泽好。一旦发现酒质发浑，或者酒中含有杂质，则属于低劣产品。这里要注意一点，绍兴黄酒中允许有微量的沉淀物。GB/T 17946-2008《绍兴酒（绍兴黄酒）》国家标准规定，瓶装酒底部允许有微量的沉淀物。主要原因在于绍兴黄酒中采用糯米、小麦和鉴湖水酿制而成，酿造后的酒中含有大量的小分子蛋白质，这些小分子蛋白质，在贮存过程中会凝聚而沉淀下来，对人体没有任何伤害。

闻酒香 开启酒瓶，将瓶中酒缓缓倒入酒杯之中，嗅闻酒的香味，普通优质的绍兴酒具有独特的香气，醇香浓郁，陈年绍兴黄酒的香气幽雅芬芳；劣质黄酒中则闻不到这样的香味。如在酒中出现酒精味、醋酸味或其他异杂气味，则基本可以断定属于伪劣产品。

试手感 将少量酒倒在手上，然后用力搓动双手，正宗绍兴黄酒因属于纯酿造酒，品质优良，酒中多糖等固形物含量较高，搓动时手感滑腻，阴干后手感极粘，用水冲洗后手上依然留有酒的余香。如果搓动时手感如水，则属于劣质酒。

尝酒味 优质正宗的绍兴黄酒口感醇厚、鲜爽、柔美、甘润，具有绍兴黄酒的典型风格，无其他异杂味；如果口感淡薄，酒精味较强，刺激味重，不清爽，或有香精味、水味、严重的苦涩味等其他杂味，则很可能是伪劣产品。

比价格 正宗的绍兴黄酒以糯米为原料酿造而成，生产周期长，加上必须有一年以上的贮存时间，因此价格相对较高，若价格很低，则宜仔细鉴别，以免上当。

2. 绍兴黄酒的选购

这里我们主要谈谈瓶装绍兴黄酒的选购。消费者到超市、商场选购绍兴黄酒时，一定要对每瓶酒进行仔细观察和鉴别，并重点注意两个方面。一是要注意酒的色泽。正常绍兴黄酒在灯光下观察，应呈黄褐色或红褐色，清亮透明有光泽。如发现酒液色泽很深，瓶壁留有暗红色痕迹，可能是瓶中贮存时间过长、氧化所致；若酒液发浑，则有可能感染杂菌或为伪劣产品。二是要重点察看瓶上标签，仔细检查标签上标注的相关内容，如产品名称、配料、酒精度、净含量、制造厂家及地址、生产日期、保质期、标准号、质量等级、产品类型等各项指标是否完整齐全。若项目不齐全，或出现超前标识、漏标以及标签模糊不清等情况，则应充分引起注意。

绍兴黄酒酿制技艺的传承与发展

绍兴黄酒产地主要分布在浙江省绍兴市鉴湖水系区域，包括绍兴市越城区、绍兴县以及上虞市东关镇，还传播到我国的苏州、上海、云南、台湾等省市甚至远播至日本等国家历经千年。传承谱系以家族传承和师徒传承为主，现代大型企业则以培训传承为主。

绍兴黄酒酿制技艺的传承与发展

绍兴黄酒产地主要分布在浙江省绍兴市鉴湖水系区域，包括绍兴市越城区、绍兴县以及上虞市东关镇，其酿造技艺还传播到我国的苏州、上海、云南、台湾等省市，还远播至日本等国家，历经千年。传承谱系以家族传承和师徒传承为主，现代大型企业则以培训传承为主。

[壹]绍兴黄酒酿制技艺传承人评述

绍兴黄酒酿制技艺作为一项传统手工技艺，包括制药、制曲、浸米、蒸饭、发酵、开耙、压榨、煎酒、贮存等多道工序。因此，作为该项目的传承人至少掌握一项或多项技艺。现据相关资料列举部分传承人如下：

章东明，生卒年不详。原籍上虞道墟，迁居绍兴阮社。出身酿酒世家。至章东明始开酒坊，自任经理。清道光二十年（1840年）已雇工百余人，年酿酒1700多千升，除销绍兴当地酒店，亦售外省客商。章氏十分注重产品质量，酿酒原料选用江苏金坛"变糯"，酒曲必用黄色优质曲种，水汲鉴湖源头，坛用诸暨新坛，针对不同地域的消费习惯，发售不同规格的坛装绍酒。其后子孙又在上海、杭州、天津等地广设分号，以利销售。仅道光末年在天津侯家后开设的全城明记酒庄，就年销"京庄"万坛（每坛65市斤）以上。还为北京同善堂药铺专酿"石八六桶"的专用酒。至抗日战争前夕，"章东明酒坊"所产的绍酒已北销京津奉天，南销香港，出口新加坡。除开设酒行，尚聘用"水客"，专跑各省推销产品，实现了"越酒行天下"的夙愿。

"章东明"酒坊从乾隆年间创建，到道光二十年（1842年）五口通商时，每年酿酒约7000缸，按每缸600斤计算，产量达420万斤。

周清（1876－1940），原名幼山（友山），号越农，出身于绍兴东浦东周溇一个酿酒世家。

东浦境内酒坊林立，酒旗如云。早在清时，东浦老酒便盛行天下。晚清著名学者李慈铭有"东浦十里

周清像

吹酒香"、"夜夜此地飞千舻"之诗句。会稽才子陶元藻在《广会稽风俗赋》中则称:"东浦之酝,沉酣遍于九垓。"《康熙会稽县志》更有"越酒行天下"之说。

1743年,周清祖上周佳木在东浦创办了一家酒坊,取名"云集"。从幼小时候起,周清便对

云集酒坊创始人周佳木像

自然科学抱有浓厚的兴趣。16岁时他考取了秀才,后又赴杭州学习日文及数、理、化课程。23岁那年,周清进入了北京大学生物系深造,并获农学士学位。32岁时,周清返回浙江,并任杭州高等师范学校生物教师。后任浙江省立甲种农校校长,一任就是8年。在京8年

期间，周清一面读书，一面兼做绍兴黄酒推销员，并开辟了一条沿京杭运河至北京的绍兴黄酒水路定点销售新路线。绍兴黄酒在短短的几年间就被南北贯穿而风靡全国，应该说，周清先生功不可没。

民国四年（1915年），周清将其亲手酿制的"云集酒"送往美国巴拿马太平洋万国博览会参加评选，最终"绍兴周清酒"荣获金牌，绍兴黄酒从此扬名海内外。民国五年（1916年），周清任浙江省甲种农业专科学校校长，同时兼任农事试验场场长。任职期间，周清积极致力于教育改革，注重理论联系实际，并撰写了《蔬菜园艺学》等书，深受学生欢迎。吴觉农、陈石民都是他的高材生。民国八年（1919年），周清发起创办了中华农学会。在执教之余，同清还撰写了近代绍兴黄酒第一本科学专著《绍兴酒酿造法之研究》，书中对绍兴黄酒的成分、优点以及每一道酿造工艺都作了科学系统的分析，具有很高的学术价值。书中还开列了送往巴拿马的参展物品清单，包括小京庄酒4坛、研究报告1份、木制模型30余件和写真照片8张等。

此书出版后，日本人立即把它翻译成日文，并依照书中所述方法酿制老酒，虽然酒的风味和绍兴黄酒十分相似，但是绍兴黄酒越陈越香，日本酒却不到一年便发生了质量变化。周清闻讯后一语道破其中奥秘："绍酒名驰中外，各处所难以仿造者，水质之不同也。"

周清一生，集教育家、实业家、著作家于一身。除对绍兴黄酒的卓越贡献外，在农业科学上也颇有建树，培养出了有"当代茶圣"称号的吴觉农等一批人才。周清生平奉行实业救国宗旨，先后投资云墅公司（分布苏、浙、皖等地）、杭州民生银行、杭州滑艇船业公司、上海德信昌酒店等。周清平生心善好义，助人为乐。在担任校长期间，人称"周外婆"。此外，周清曾先后资助创办绍兴成章小学和东浦热诚学堂。晚年应徐柏堂之邀，在绍兴稽山中学任教数年。绍兴沦陷前，移居江西。民国二十九年（1940年）6月，因患恶性伤寒死于江西乐平。周清生前以读书为唯一爱好，并擅长诗词，自云"虽无闻于世，幸未见恶于人，念桃李之盈门，造就四方豪杰，览桑麻兮徧野，愿为万世农民"。去世前自题小像诗云："灵光照澈春风面，道味深涵霁月心。耆老年华怯众善，伦常规范作良箴。"可谓毕生精神之写照。

陈德意（1900-1975），生于绍兴东浦南村全安溇酿酒世家。祖父陈友法、父亲陈长生均为云集酒坊开耙技工。陈德意幼时入塾读书，才智敏捷，过目不忘。辍学后随其父进云集酒坊学习开耙技术，受父亲悉心传教，加上个人勤练苦学，数年后学会造曲、配料、酿酒、开耙等全套技艺。父亲过世后，陈德意便继承父业，肩负云集酒坊开耙重任。由于他开耙技艺高超，凡经他开耙的黄酒品质上乘，客户评价很高。连美国客商到云集酒坊买酒，也信任陈德意的开耙技术，并要酒坊坊主在仿单上盖上陈德意的葫芦形印章方才认可，由此，陈德意也为云集酒坊主人周善昌所赏识。

新中国成立后，云集酒坊更名为地方国营云集酒厂，陈德意成为云集酒厂第一代开耙技师。他工作认真负责，对酿酒技艺精益求精，同时悉心传艺授徒，尤其对青年学徒，更是耐心传教，先后培养出了一批批年轻的酿酒技工。此外，陈德意艺德双馨，对技术从不保留，每当兄弟酒厂碰到技术问题，他总是悉心指导，帮助解决酿酒技术难题，社会口碑极好。20世纪60年代初，兄弟酒厂碰到技术难题向陈德意求教，陈德意立即去现场指导，采取挽救措施，为兄弟酒厂挽回重大损失。从事酿酒工作期间，陈德意数十年如一日，埋头实干，任劳任怨，由于成绩显著，历年被评为厂、县、市先进工作者。

工作之余，陈德意潜心研究绍兴黄酒生产技艺，夜以继日地学习写作，把自己几十年积累形成的丰富酿酒经验和心得总结成文，编撰了《绍兴酒制作规程》和《酒曲制作法》等技术资料，为绍兴黄酒事业留下了一笔宝贵的财富。

王荣明（1904-1985），绍兴东浦杨川村人。出身于王松记酒业世家，父亲王松开设松记酒坊，年酿酒百缸。荣明少时随舅父学酿酒开耙技艺，虚心好学，制药、造曲、浸米、蒸饭、落缸、开耙等酿酒过程，件件精通。成年后独立操作开耙，凭借手触、目视、耳听等感官反应，决定开耙时间，经他开耙之酒皆成佳酿。先后为杨川、东浦、赏祊、王城寺、鲁墟等村各酒坊开耙，被称为"活酒仙"。新中国成立后受聘于东风酒厂，带徒弟学艺，使传统酿酒技艺后继有人。多次受到厂、县、市、省各级领导的表彰奖励。1958年当选为浙江省第二届人大代表。

沈锡荣（1919－1998），原籍萧山，定居绍兴。历任绍兴云集酒厂股长，柯桥酒厂厂长，绍兴黄酒厂厂长、党委副书记，绍兴酿酒公司经理，县总工会副主席等职。长期从事酿酒业，在研究酵母剂代替酒药、大糠吊酒、开发新包装等方面作出了重大贡献。1955年将绍兴全县30多家酒作坊合并为柯桥酒厂，开始规模经营，将原来生产比较低级的"土绍"、"元红"转产高档的"加饭"，次年产量达到4000千升。曾被省人民政府先后7次授予省级先进和"五一"劳动模范等称号。20世纪50年代，被国务院授予全国先进生产工作者和全国劳动模范称号。

王阿牛

王阿牛（1925－　　），绍兴东浦人。黄酒博士、国家级评酒委员。父辈均为当地酿酒高手。1941年进东浦汤茂记酿酒作坊当学徒，满师后入东浦沈裕华酒厂当技工。1952年9月调

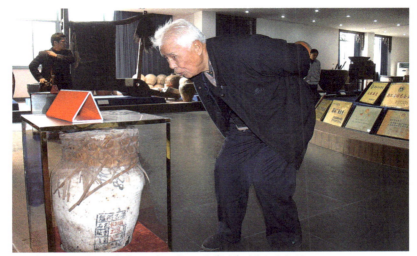

王阿牛在会稽山黄酒馆察看1956年云集酒厂生产的冬酿大坛加饭酒

王阿牛现场指导生产

云集酒厂（现会稽山绍兴酒股份有限公司），历任管理员、副厂长、党支部书记、绍兴酿酒公司党委副书记兼东风酒厂党支部书记等职，直至退休。在长期的酿酒实践中，练就了一套品评黄酒的本领，只要眼一看、鼻一嗅、嘴一尝，即可准确地辨别出酒度、糖度、酸度含量和酒龄的长短，被人誉为"酒仙"。1959年起，联系生产实际，编写《绍兴酒操作规程》、《酿酒工人技术等级标准》等技术书多册。先后被授予全国轻工业系统先进生产工作者、浙江省劳动模范等称号。曾当选省五届政协委员，现为国家级非物质文化遗产传承人。

李家寿(1936-2007)，湖南长沙人。国家级黄酒评委，教授级高工。1954年毕业于广州化学工业学校。先后在烟台张裕酿酒厂、中央食品工业部糖酒局任职。1958年调绍兴酒厂（中国绍兴黄酒集团公司前身），曾任该厂（公司）生技科长、厂长、副总经理、公司总工程师，兼任中国酿酒工业协会黄酒分会副理事长、《中国黄酒》杂志主编等职。长期从事黄酒的生产技术、科学研究工作。1985年为首创办我国第一个黄酒科研所，先后承担省和轻工业部绍兴酒现代化工艺研究、黄酒机械化新工艺研究等重大科研项目，并参与起草绍兴酒的国标。主持完成的万吨绍兴黄酒机械化车间的工艺技改项目，使绍兴酒率先实现常年生产，获国家经委"六五"技术进步单项奖；黄酒机械化工艺的研究获轻工业部科技进步三等奖；绍兴加饭酒生产用菌的分离和筛选研究获轻工部轻工业资源节约技术进步奖。撰有《绍兴酒色、香、味成分来源浅析》等学术论文20余篇。1990年荣膺全国轻工业先进科技工作者称号。

刘金柱(1929—   )，祖籍安徽太和，定居绍兴城区。黄酒博士。1945年入伍，屡立战功。1954年转业至绍兴，历任绍兴地区专卖公司经理、鉴湖长春酒厂党委书记、绍兴市酿酒总公司总经理、省食品协会副理事长等职。1992年离休后，应聘为中国绍兴黄酒集团公司顾问。为开创黄酒生产的新局面，刻苦自学《高等酿造学》等专业书籍，并虚心向国内外同行求教管理经验。20世纪50年代，利用10余种野生植物酿制白酒获得成功。60年代，率先采用粳米酿制黄酒，并实现了酿酒简易机械化。70年代，发动职工大搞技术革新，实现了瓶酒灌装自动化，80年代，开发新产品7种，三万千升级黄酒灌装线建成投产。主持绍兴酿酒总公司工作期间，建成了全国一流的万千升级黄酒机械化车间。先后被授予省级劳动模范、省"万人赞"厂长（经理）称号。

除上述传承人外，还有很多知名或不知名的酿酒界前辈，他们或为"绍兴黄酒酿制技艺"这一非物质文化遗产的传承呕心沥血，或为发展绍兴黄酒业贡献了自己毕生的力量。与此同时，随着近年来绍兴黄酒业的快速发展，在绍兴市政府和行业协会的大力支持下，各黄酒企业十分注重后续人才培养，涌现出了一批既有理论知识，又懂生产实践的专业酿酒技术人才。由于篇幅关系，在此恕不一一列举，仅将部分名单列举如下（按姓氏笔画排序）：

亓辛、王水虎、王国盛、王荣明、王雅云、任中华、刘雅仙、孙黄忠、朱关达、朱清尧、许建林、阮来仁、张有根、张尚明、李时初、杨如芳、杨国军、沈良衡、沈酉山、沈阿华、沈泳洪、邱仁甫、沈墨臣、邹慧君、陈阿木、陈宝良、陈郢、陈福泉、陈德昌、周永祥、周玉山、周志能、周佳木、周善昌、孟中法、林招华、金五十、金芳才、金阿牛、金国辉、俞关松、俞阿狗、胡志明、胡建华、胡铨顺、胡普信、倪兴军、顾启华、高秀水、黄洪才、傅建伟、傅祖康、谢友刚、鲁吉生、鲁长华、潘松林、潘兴祥、魏张炎。

[贰] 绍兴黄酒酿制技艺的传承方式

一、家族传承

家族传承主要通过家族内部人员完成传承，尤其是被视作家族绝技的内容，往往在传承上有许多严格的规定，诸如"传里不传外、传男不传女、传小不传大"等等。我国的许多传统技艺如中医、手工制作等非物质文化遗产项目的传承，基本上都具备上述特征。而制作者都是家族世代相传的手工艺人或匠人，自清朝灭亡以后沦为民间作坊。

绍兴黄酒酿制技艺作为一项传统的手工技艺，其传承方式很大程度上基于家庭传承。如孝贞、云集等知名酒作坊都延续了上述传承方式。

二、师徒传承

以师带徒、师徒传承是我国非物质文化遗产得以传承下来的重要模式之一。中国历史上讲究师徒传承具有优良的传统，并且留下了许多诸如"师徒如父子"等师徒关系的古训。绍兴黄酒酿制技艺作为一项凭借经验的手工技艺，存在许多"不可言传，只可心授"的东西，因此，以师带徒成为其重要的传承方式，至今依然保持这一传统。

三、培训传承

这一传承方式主要存在于现代企业中间，鉴于企业规模较大，"一对一"的师徒传承方式已不能适应企业规模化发展的需要，于是，依托培训集中授课，集中指导，集中或单独考核成为又一重要的传承方式。

[叁] "绍兴黄酒"证明商标使用企业

一、中国绍兴黄酒集团有限公司（浙江古越龙山绍兴酒股份有限公司）

中国绍兴黄酒集团有限公司是绍兴市政府授权的国有资产经营单位，是国务院确定的520家国家重点企业之一，中国酿酒工业协会副理事长单位、黄酒分会理事长单位，国内最大的黄酒生产、经营企业之一。

集团公司系由绍兴市酿酒总公司与具有300多年历史的沈永和

酒厂强强联合组建成立。现有总资产33.6亿元，职工3700名。公司拥有国内一流的黄酒生产工艺设备和省级黄酒技术中心，聚集一批国家级评酒大师，年产绍兴黄酒14万千升，拥有两个中国驰名商标、两个中国名牌、两个中华老字号，拥有25万千升陈酒的古越龙山中央酒库，被上海大世界基尼斯总部评为"大世界基尼斯之最"。规模实力和经济效益在全国黄酒企业中保持领先地位。公司先后通过了ISO9002、ISO14001、HACCP等质量、环境管理体系认证，同时通过了绿色食品认证，古越龙山系列产品畅销全国各大城市，远销至我国的香港地区以及日本、东南亚和欧美国家，共计有40多个国家和地区。并进驻卡慕全球3000多家免税店的"中华国酒"专区。品质卓越，闻名遐迩，享有"国粹黄酒"、"东方名酒之冠"之美誉。

公司先后荣获"全国模范职工之家"、"浙江省诚信示范企

古越龙山中央酒仓库

业"、"浙江省纳税百强企业"、"浙江省首批绿色企业"、"绍兴市首批企业文化示范单位"、"绍兴市慈善之星"等称号。

二、会稽山绍兴酒股份有限公司

会稽山绍兴酒股份有限公司创建于清乾隆八年（1743年），以专业生产"会稽山"牌绍兴酒而名闻遐迩。公司原名"云集酒坊"，地处绍兴鉴湖水系中上游，水质清澈，酿制绍兴黄酒得天独厚。

1951年，云集酒坊更名为"云集酒厂"；1969年，云集酒厂更名为

会稽山酒文化风情

"绍兴东风酒厂"；2005年，随着"会稽山"商标被评为中国驰名商标，公司更名为"会稽山绍兴酒有限公司"；2007年9月29日，公司再次更名为"会稽山绍兴酒股份有限公司"。

云集酒坊旧址

早在1915年，公司前身——云集酒坊生产的"绍兴周清酒"便在美国旧金山举行的"巴拿马太平洋万国博览会"（第13届世博会）上为绍兴酒夺得了第一枚国际金奖。后又获"八大"、"十八大"名酒称号，并15次荣获国内外金奖，被国际友人誉为"东方红宝石"、"东方名酒之冠"。"会稽山"牌绍兴酒不但畅销国内各大城市，而且远销世界三十多个国家和地区。

1997年，公司在全国黄酒同行业中首家通过ISO9002国际质量体系认证。随后，公司又先后通过ISO9001、ISO14001、QS、HACCP等质量和管理体系认证。2008年，公司在全国黄酒业中首家通过GMP认证，成为唯一一家"用药品标准来生产黄酒"的企业，并在中国黄酒业中创造了"260年连续生产、连续赢利、专注酿酒"三大奇迹。

目前，公司年黄酒生产能力达15万千升，总资产16.3亿，建有一个"省级企业技术中心"，是中国黄酒业中唯一集"中国驰名商标"、"中国名牌产品"、"中华老字号"、"绿色食品"、"国家地理标志保护产品"等多项国家级荣誉于一身的企业。

"崇尚自然，倡导绿色，以精湛的传统技艺酿就滴滴甘露，向人们奉献永远健康和无限乐趣"。会稽山人正饱含激情,将"绍兴黄酒酿制技艺"这一非物质文化遗产和传世绝技发扬光大,为消费者用心酿造健康绿色的原生态饮品。

三、浙江塔牌绍兴酒有限公司

浙江省粮油食品进出口股份有限公司是浙江省最大的食品进出口企业,1998年在全国进出口额最大500家企业中列54位,居全国同业之前茅。其下属绍兴酒分公司主要生产经营享誉海内外的浙江传统名优出口商品——塔牌绍兴酒。塔牌绍兴酒自1958年进入国际市场以来,以其馥郁的酒香、醇厚的口味而享誉三十多个国家和地区。塔牌绍兴酒1993年被指定为中南海、人民大会堂特制国宴专用酒,1995年"塔牌"被评为浙江省著名商标,1997年被浙江省技术监督局评为免检产品。2007年获"中国驰名商标"。塔牌绍兴酒至今已六次获得国家级金奖和国际金奖,被海内外誉为"东方名酒之冠"。1999年塔牌绍兴酒的出口量已逾7000吨,创汇1200万美元。如今塔牌绍兴酒已发展有高、中、低各种档次、规格,花雕、加饭、元红等品种的系列产品,从而成为真正的国际品牌和中国名酒。为扩大塔牌绍兴酒的生产规模和经营能力,浙江省粮油食品进出口股份有限公司先后投资兴建了浙江塔牌绍兴酒厂、浙粮绍兴酒股份有限公司、绍兴永进酒厂以及塔牌绍兴酒销售有限公司,并形成年销售量2万余吨的企业规模。

2000年9月14日起,经国家质量技术监督局批准塔牌绍兴酒系列产品（花雕、加饭、善酿、香雪、元红），获准使用原产地域产品专用标志，并获得相关的保护。

四、绍兴女儿红酿酒有限公司

绍兴女儿红酿酒有限公司创建于1918年，是绍兴东路酒的代表，位于浙江省绍兴东麓的东关镇，占地130亩，其属于长江三角洲开发区，北临杭州湾，南靠会稽山，北侧有萧甬铁路、沪杭甬高速公路、104国道，南有杭甬运河通过，交通十分便利。

公司总资产1.5亿元，现有员工320余人，是一家以黄酒、白酒生产与销售为主进而辐射果酒、保健型酒等的企业。年产黄酒达2万吨，年瓶酒灌装能力1万吨。公司为适应市场需要，致力于提高品质、多样化的产品开发，注重内外市场的拓展，积极引进现代酿酒技术与传统工艺的完美结合，加强"女儿红"品牌宣传，以雄厚的实力和先进的企业资本管理经验，促进公司发展，取得显著社会效益和经济效益。2004年女儿红酒被认定为浙江名牌产品。2005年女儿红商标获"中国驰名商标"，2006年女儿红酒荣获"中华老字号"称号。

公司主要产品女儿红酒沿历史记载之典故，集传统工艺之精华，系绍兴黄酒之精品，深受国内外广大消费者喜爱；公司已通过ISO9001-2000质量管理体系认证。

五、中粮绍兴酒有限公司

中粮绍兴酒有限公司系名列世界500强的中国粮油食品（集

团）有限公司下辖的独资企业，兴建于1995年，坐落于风景宜人的的黄酒之乡——绍兴鉴湖之畔。固定资产1.5亿余元，注册资金6867万元，占地16万平方米，员工200余人，各类专业人员60余人。拥有2万吨绍兴酒生产线和自动灌装线。公司集开发、酿造、销售、出口于一体，产品涵盖元红、加饭、善酿、香雪四大系列，注册商标为："黄中皇"、"孔乙己"、"流觞亭"、"雕皇"、"香雕"、"御厨"等。

多年来，公司以"敬业、团队、创新、诚信"的企业精神，不懈奋斗，使企业蒸蒸日上。公司利用鉴湖特有水质融传统酿造工艺与现代科技于一身，其所产黄酒晶莹透澈、馥郁芳香、醇厚甘甜、营养丰富。其中"黄中皇"、"孔乙己"等品牌多次荣获国际金奖，产品覆盖华东、华北、西南等市场，并出口亚洲的日本、韩国、中国香港地区，远销欧洲诸国，产品质量受到国内外消费者一致好评。

六、绍兴王宝和酒厂

"王宝和老酒"创建于清乾隆九年（1744年），迄今已有二百六十多年的历史。绍兴王宝和酒厂地处绍兴斗门镇，是由上海烟草集团黄浦烟草糖酒有限公司、上海王宝和酒家和绍兴县国资局共同投资组建的国有联营企业。企业占地4.5万平方米，厂区结构紧凑，布局合理，很具发展潜力。企业具有较强的实力，设备先进，拥有一套年产6000吨的酿酒自动化灌装线，技术力量强，同时采用ISO9002质量保证体系指导生产、销售。王宝和老酒是以精白糯米、优质小麦和鉴湖水经手工工艺酿制而成的典型绍兴酒，以其口味甘醇、酒香浓郁而深受江浙两地特别是上海消费者的喜爱，在日本、新加坡和香港等国家和地区也有相当市场。王宝和酒厂坚持"一丝不苟酿老酒、精益求精创名优"的质量方针，精酿细作，严格管理，产品在绍兴市、县技术监督部门和卫生部门的历次检查中均合格。1996年被评为上海市最受消费者喜爱的商品，1998、1999年继续被评为上海市最畅销品牌。

七、绍兴市大越酒业有限公司

绍兴古名"大越"，是历史悠久的文化名城，因盛产的绍兴酒享有"东方名酒"之美名而声名远扬，是我国首屈一指的酒文化名城。

绍兴市大越酒业有限公司，坐落于绍兴酒的发祥地——东浦镇，后因内、外业务发展迅速，2002年又在柯北工业区扩建新厂，目前公司占地面积达到10万平方米，拥有国内一流的传统黄酒酿造工艺和设备，集多名国家级评酒大师和高级技术人员，融手工酿造与现代科技于一体，年产优质绍兴酒1万吨和瓶装酒1万吨。

公司严格管理，通过ISO9001国际质量体系认证、ISO14001国际环境体系认证、HACCP食品安全卫生体系认证和QS食品质量安全市场准入标准认证，2005年被浙江省卫生厅评为第一批食品卫生等级A类单位。

公司产品获"绍兴名牌"称号；在第六届中国国际葡萄烈酒评酒会（布鲁塞尔国际评酒会主办）上获得金奖，是黄酒产品首次荣获该奖项。

公司拥有绍兴酒自营进出口经营权，是首批获得"绍兴老酒"、"绍兴黄酒"证明商标使用权的企业，产品畅销国内外，多次荣获国内国际金奖，是国家绍兴酒出口生产基地之一。

八、浙江东方绍兴酒有限公司

浙江东方绍兴酒有限公司位于绍兴酒原产保护地域——著名的鉴湖水系源头，北临鉴湖，南靠会稽山脉，得天独厚的清纯水质，为酿造优质绍兴酒提供第一品质保证。

企业建于1979年，酿酒设备完备，技术力量雄厚，全面实施ISO9000国际质量保证体系，严格管理。建有年产传统绍兴酒万吨级生产基地，产品多次荣获省优、部优、国际金奖。产品畅销全国二十多个省市，远销新加坡、马来西亚、日本、美国、德国、西班牙、中国香港等十多个国家和地区，深受广大客商青睐。

注册商标为"越鉴"牌，其主要产品有绍兴黄酒、元红酒、加饭酒、花雕酒、善酿酒、香雪酒、糟烧酒等。原料采用精白糯米、优质小麦，配以著名鉴湖佳水，采用传统古法工艺精酿而成。故而酒色橙黄清澈，酒香芬芳馥郁，酒味醇厚甘鲜。

绍兴县酒厂一贯遵循"争一流企业，创世界名牌"方针，产品质量求实、务精，立志创造传统酒业之辉煌。

九、绍兴县唐宋酒业有限公司

绍兴县唐宋酒业有限公司坐落于鉴湖水系上游，这里水质清冽无污染，为酿造优质绍兴酒提供了得天独厚的水资源。公司主要生产"绍礼"和"唐宋鼎"牌加饭酒、花雕酒、白糯米酒、香雪酒、善酿酒等系列绍兴酒。早在1996年就被中国食品工业协会评为"达到全国名牌产品质量水平"；并先后荣获"北京国际精品博览会"金奖和绍兴市著名商标。1997年通过浙江省进出口检验检疫局考核，获得生产出口绍兴酒资格，由此成为中华人民共和国出口黄酒生产基地；2000年绍兴酒开始原产地域保护后，公司第一批获准使用"绍兴酒"原产地证明商标。现公司年酿造1万吨绍兴酒，有一条日灌装50吨的自动灌装线和两条异形包装灌装线。为改善成品酒清亮度，延长沉淀产生时间，现又投资日冷冻能力50吨的冷冻设备一套，进一步提高了酒品质。公司国内市场以江浙沪为中心，向全国辐射；国际市场主要以日本、东南亚国家为主。现年销售4500万元，其中出口120万美元。

公司以"质量创名优、服务争一流"为质量方针，严格控制产品质量，自1997年生产出口黄酒以来未发生过一例出口产品质量事故。公司已率先通过ISO9001国际质量管理体系认证，以国际先进的标准对各个生产环节进行管理，强有力地保证产品质量。

十、绍兴白塔酿酒有限公司

绍兴白塔酿酒有限公司前身是白塔酿酒厂,建立于1964年,地处环境优美的白塔洋畔,员工150人以上,交通方便。已通过ISO9001和ISO14001管理体系认证,有一条全自动的灌装流水线,采用最先近的冷冻过滤,减少了黄酒的沉淀问题。目前年生产能力约3500吨,产品出口日本、美国、意大利,内销全国各地,目前占地102亩,年产约1万吨黄酒,是一家中日合资的大型企业。

十一、绍兴县咸亨酒业有限公司

绍兴县咸亨酒业有限公司创建于1980年,位于风景秀丽的兰渚山下,书法圣地兰亭边,紧傍省级公路绍大线,与104国道线及沪杭甬高速公路相连,交通便利,环境宜人。公司以唐高宗年号及鲁迅先生笔下的"咸亨"为企业名称和注册商标。企业占地面积53000平方米,现有职工120人,各类专业技术人员18人。经过二十多年的生产经历,积累了丰富的酿酒经验,造就了一批优秀的酿酒技术人员,技术力量雄厚,管理水平较高。公司拥有两条自动灌装生产线及其配套设备,年产各档咸亨牌系列黄酒6000吨。以精白糯米、优质小麦和鉴湖源头水为主要原料,采用传统工艺酿制而成。主要产品有:"咸亨"牌加饭酒、花雕酒、善酿酒、香雪酒、糟烧、工艺彩雕、咸亨太子、咸亨老酒、咸亨贡酒、咸亨黄酒、咸亨元红、咸亨通宝等系列产品,以及三年陈、五年陈、八年陈、十年陈、十五年陈、二十年陈等系列及各档包装酒。该产品以橙黄、清澈、芳香馥郁、甘鲜醇厚的独特风味，扬名海内外。"咸享"商标荣获中国驰名商标。2008年获首届"浙江老字号"称号。

十二、浙江圣塔绍兴酒有限公司

浙江圣塔绍兴酒有限公司创建于1970年，位于鉴湖水系东部，紧邻风景秀丽、中外闻名的活水景点东湖风景区旁，这里崇山峻岭、茂林修竹、水质清洌，酿造绍兴酒更是得天独厚。公司占地面积47000平方米，年产绍兴酒15000吨，已通过ISO9001国际质量体系认证，拥有自营进出口经营资格。圣塔牌绍兴酒是绍兴酒行业中较为著名的品牌之一，全部采用精白糯米和鉴湖佳水，用传统工艺手工酿制而成，因其色橙黄、香气馥郁、滋味醇厚而成为绍兴酒中的精品，曾获得首届中国国际食品博览会金奖、香港国际名优产品博览会金奖等国际、国内著名大奖。"圣塔牌"商标获浙江省著名商标，企业被浙江省知识产权局、浙江省经贸委联合授予"浙江省专利示范企业"。

十三、绍兴市越国印山绍兴酒有限公司

绍兴市越国印山绍兴酒有限公司是一家专业生产绍兴酒的企业，产品以出口为主，远销日本、荷兰等地，深受国外客商的好评。

公司拥有先进的黄酒生产工艺设备生产的"越王台"、"吴越

人家"两品牌绍兴酒,选用精白糯米、优质小麦及鉴湖水,采用传统手工工艺结合现代卫生规范酿造而成,具有独特风味、醇厚爽口、醇香浓郁、酒精适度、营养丰富的特点。

公司检测设备齐全,质量管理严格。"质量第一"是本公司的宗旨,公司通过了ISO9001质量体系认证,连续几年获得浙江省A级卫生规范企业称号。2005年,公司通过ＱＳ认证。

十四、绍兴师爷酒业有限公司

绍兴师爷酒业有限公司(前身绍兴马山第一酒厂),创建于20世纪70年代,是绍兴黄酒的骨干企业。公司继承传统的酿酒工艺,采用先进的生产设备,配备精密的检测仪器,拥有一批长期从事绍兴黄酒酿造的技工和高级技术人员。公司生产的"师爷牌"各类产品经国家、省、市历次质量抽检,合格率达100%。

"师爷牌"绍兴黄酒是行业中著名品牌之一,主要产品有:加饭酒、花雕酒、元红酒、善酿酒、香雪酒、太师爷酒、婚嫁女酒、养珍酒、淡爽型黄酒、调料黄酒和三年陈、五年陈、八年陈、十年陈、十八年陈、廿年陈、廿五年陈、三十年陈等。

十五、绍兴县东方酿酒有限公司

绍兴县东方酿酒有限公司位于绍兴县滨海开发区(马鞍镇),地处鉴湖水系北部。公司产品采用传统工艺酿制,是一家颇具规模的绍兴黄酒企业,在历年的市、县各级产品质量监督检验和出口检验中产品均为合格。公司拥有自行进出口权，主要生产绍兴加饭（花雕）酒、元红酒、绍兴仙雕酒、绍兴香雪酒等系列产品。

公司以"传世酒业、汇集精华"为质量方针，以质量管理体系为保证，建立严格的检验制度，不断生产出高质量的绍兴酒，满足了消费者对产品质量的要求。

绍兴黄酒文化与艺术

古城绍兴民俗淳朴、礼教崇隆、学源绵远、文风鼎盛。所谓酒而誉满海外，绍兴酒一直是绍兴的传统产品。这里几乎是无村不酿酒，无人不沾酒，无处不酒巴香，古代名人无不与酒有关。

绍兴黄酒文化与艺术

[壹]文化名人与绍兴黄酒

酒是艺术的媒介，酒是灵感的催化剂。

绍兴盛产老酒，绍兴更盛产艺术。王羲之于微醺之中成就《兰亭集序》，成为中国书法艺术的巅峰之作，缔造书坛神话。陆放翁行万里路，读万卷书，写万首诗，慷慨激昂与柔情似水融为一体，成为绍兴黄酒精神的集中体现。徐渭醉画泼墨大写意，自成一派，成为

王羲之

陆游《钗头凤》

青藤书屋内徐渭手迹

中国画史上"青藤画派"鼻祖。以至郑板桥、齐白石先生心甘情愿成为"青藤门下一走狗"，艺术地位之高可见一斑。陈洪绶亦画亦诗，日不停笔。"二王莫劝我为官……一双醉眼望青山"，酒成为陈洪绶艺术生涯的重要伴侣。醉眼丹青，使其艺术魅力达到非凡境界。

　　还有，鲁迅的小说，无论是《孔乙己》、《阿Q正传》，还是《祝福》、《在酒楼上》，字里行间，无不着力渲染着绍兴黄酒及相关的酒俗、酒礼和酒节文化。

　　至于绍剧的高亢激越，更是酒胆、酒气、酒神、酒力的集中体现。而悠扬细腻的越剧，同样少不了绍兴黄酒的衬托。借酒抒情叙

鲁迅故里

兰与黄酒

黄酒书画作品

事，借酒营造戏剧冲突，借酒塑造人物性格，倾诉人物内心独白。越剧《醉公主》便是一例。该剧以绍兴黄酒为题材，以绍兴酒俗乡情为背景，从饮酒、卖酒、酿酒到以酒结缘、酒融父女之情、酒祝团圆，一环紧扣一环，悬念迭起，险象频生，一气呵成。大有恰到好处、水到渠成之妙，既赞美了绍兴黄酒，又带给观众无限的欢乐和人生的启迪。此外，像地方曲艺莲花落、鹦歌调原本即为服务于喜酒和祝寿而作。特别是绍兴莲花落，不但说的是老

越窑瓷器

百姓身边事，而且反映酒的内容非常多，酒故事、酒人、酒典、酒趣皆有涉及，且常以夸张、排比等修辞手法，烘托演唱气氛，使观众身临其境，尽情享受绍兴黄酒的醉香之美与芬芳之香。

此外，绍兴民间的艺术花雕、越塑与酒也有着极为紧密的关系。到了现代，以陶瓷为原料的各种艺术酒瓶应用到了绍兴酒中，如采用哥窑、弟窑、紫砂、青花瓷、越窑等名贵瓷品作为盛酒容器，设计精巧，生动活泼，融绍兴地方文化、形象展示、珍品收藏于一体，视觉冲击力强，给人耳目一新的感受，深受高层消费者青睐。这些产品在给饮用者带来美好视觉享受的同时，也有效提高了绍兴酒的品位，体现了绍兴酒的艺术价值，使绍兴浓郁的地方文化和丰富的人文内涵有效彰显。

花雕酒又叫远年花雕酒。最早的花雕酒是指经过长期贮藏,并在酒坛外面雕绘了五色彩图的一种酒。刚开始时,花雕酒坛内装的都是一般的绍兴黄酒,但因酒在地窖或酒库中经过多年贮存,已变成陈酿美酒。启封时酒香扑鼻,满室芬芳,成为绍兴黄酒中的珍品。现在"花雕"酒就变成陈年老酒的代名词,成为绍兴加饭酒一种比较高雅的称呼。

花雕酒由原先的"女酒"演变而来,最早见之于晋嵇含《南方草木状》,据载:"南人有女数岁,既大酿酒……女将嫁,乃发陂取酒,以供宾客,谓之女酒,其味绝美。"

有关"花雕酒"的来历,清《浪迹续谈》中记载了一个美丽的传说。相传有一个富翁人家生了一个女儿,满月的时候,这个富翁便酿了几坛好酒,放到酒窖里。十八年后,他的女儿即将出嫁,富翁记起当年所贮的老酒,便取出来,请人在坛外面绘上"龙凤呈祥"、"花好月圆"、"送子观音"等喜庆图案,作为女儿陪嫁礼品。因坛外绘有如此漂亮的彩色图案,人们便把此酒叫做"花雕"。此后,"花雕"便成绍兴人生儿育女的代名词。即使时至今日,若生了女儿,人们就会戏称"恭喜花雕进门"。

清代,绍兴酒坛彩绘俗称"画花"。20世纪40年代初,画花坛酒,始有沥粉贴金勾勒、坛身仍沿袭四面开光图;人物彩绘改用浮雕着色表现手法。"文革"期间,花雕坛酒被视为"四旧"而被迫停产。

花雕酒是中国黄酒中的奇葩，酒性柔和，酒色清亮，酒香馥郁，酒味甘香醇厚。有专家指出：花雕酒集绘画、书法、雕塑、文学、风情典故、陶艺、酒艺等于一体，综合体现了酒文化的灿烂辉煌和人类的文明史，是无声的诗、立体的画、凝固的音乐、含情的雕塑。它是向人们展示酒文化最直接明了的实物。这种灵性之物，教人未醉于酒，先醉于坛，值得收藏。正因为如此，民族风格浓郁的花雕作为一种高尚艺术品，受到国际友人广泛喜爱，并多次作为国礼馈赠给柬埔寨国王、日本天皇以及美国总统。

如今，花雕酒已成为绍兴加饭酒的代名词，成为绍兴黄酒中的一大品名。作为对传统酒文化的弘扬，实在是一件值得庆贺的大好事。

作为中国历史文化名酒，绍兴黄酒秉承千年传统技艺，精选原料，精酿细作，终于成为传世佳酿。产品品质上乘，技艺精湛，风格独特，色、香、味、格四位一体，别具一格，风韵独特。

绍兴黄酒之色　绍兴黄酒色如琥珀，赤中带黄，黄中含赤，显清澈透明的黄色基调，与中华民族炎黄子孙黄皮肤、黄河、黄土地之色融为一体，乃我中华民族之本色，无愧于"国酒"的荣耀和称号。绍兴黄酒的橙黄色作为一种重要特性，可增强视觉冲击力，启动人体食欲。而就色彩的象征意义而言，橙色象征太阳，而太阳给人的更是一种明亮、温暖、崇高的感觉。

绍兴黄酒之香　绍兴黄酒馥郁宜人，芬芳自然，幽深高雅，沁人心脾。饮之，欲拒还迎，欲罢不能，令人神往。于陶质酒坛中经年陈酿，醇、酸、酯、醛、酚等各种化学成分互为交体，互为融合，越陈越醇，越陈越香，越陈越珍贵。其香闻之，令人愉悦，沁心怡人，令人陶醉于大自然的神赐。一朝饮用，终身难忘。

绍兴黄酒之味 绍兴黄酒味醇质厚，悠雅、方正、甜润、舒怡、甘爽，鲜美无比。甜、酸、苦、辣、鲜、涩诸味毕现，六味调和，自成一体，呈现一种和谐、雅致的意境。其味浓浓，其情融融，仿如人生。徐徐咽下，一股清怡幽雅的酒香油然升起，人生失意的艰辛、苦涩，功成名就的欢情、愉悦，于美酒的细酌浅啜之中，再现人生的喜乐悲欢。真可谓，此物只应天上有，人间难得几回尝。

绍兴黄酒之格 绍兴黄酒最诱人之处在于其千年历史所凝结的灵性，使人心驰神往。尤其是经年陈酿，其香沁人，其味诱人，其格醉人。绍兴黄酒的灵性激发出一种勃勃向上的生机，绍兴这座千年古城正是因为有了绍兴黄酒这样的"国酒"而魅力倍增，灵光毕现，也更显人脉、文脉底蕴之深。绍兴黄酒中蕴含的人文历史使人在品味美酒的过程中，感叹稽山鉴水之秀美，感叹古越文化之博大，令人流连忘返，畅想神往。

[贰]绍兴黄酒的艺术特性

经过时间的历炼，绍兴黄酒已成为绍兴城市的一张"金名片"。说起绍兴城，人们就会不由自主地想到绍兴黄酒。而说到绍兴酒，人们也就自然而然地联想到这种天下独一无二的酒种所包涵的丰富内涵和特性。绍兴黄酒的艺术特性可以概括为三个方面：

天人合一　此为绍兴黄酒之神。采五谷之精华，融天地之造化，绍兴独特的地理、自然环境为绍兴黄酒的酿制提供了天然优质的鉴湖水；源于天然，循于传统的精良技艺经过几千年的演变已炉火纯青，臻于完美，可谓上乘境界；各类精选的优质原料在大自然上百种微生物的共同作用下，精湛的人工技艺和自然造化互为融合，天人合一，成就了绍兴黄酒这一举世无双的传世佳酿。

刚柔相济　此为绍兴黄酒之性。粗看似水，细品似火。柔中怀刚，刚中含柔，刚柔相济，相得益彰。"水的性格，火的外形"，这是对绍兴黄酒非常恰当的比喻。在绍兴黄酒黄橙清亮、醇美诱人的外表下，骨子里却深藏着热情奔放、狂放洒脱的性格，"不惜千金买宝刀，貂裘换酒也堪豪"的豪情，"呼儿将出换美酒，与尔同销万古愁"的洒脱，于细细品鉴之中，阅尽人生本色，喜、怒、哀、乐，悲、欢、离、合，尽显人生真谛。

博大精深　此为绍兴黄酒之魂。古人有言，"海纳百川，有容乃大；壁立千仞，无欲则刚"。绍兴黄酒历经2400多年而历久弥香，长盛不衰，何也？关键在于其博大精深的文化底蕴。绍兴黄酒强大的包容性和厚实的口感，发酵过程中几十种乃至上百种微生物的共同作用，成就了绍兴黄酒作为世界独特文化遗产的显著特点。目前还没有一种发酵酒像绍兴黄酒这样包容了如此众多的微生物，绍兴黄酒的独特魅力正是在于其独特的包容性而形成的"大智若愚、大巧若拙"这样一种人生智慧。作为一种民族酒，绍兴酒一定能够作为东西方文化交流的使者昂然走向国际市场。

[叁]绍兴黄酒与风俗

自古以来，绍兴到处弥漫着浓浓的酒香，真可谓无处不酿酒，无处不酒家。酒乡之名，也是名实相符。不论富豪人家，抑或市井百

太白遗风

姓，与酒结缘，与酒为朋，已成民情风俗。黄酒，已成为绍兴的一种
重要物产；喝酒，已成为绍兴人日常生活的一项重要内容，并演变成
一种重要的生活方式。酒已成了绍兴人生活中的必需品。于是，种类
繁多的酒俗便应运而生。

婚嫁酒俗　绍兴是著名的酒乡，因此把酒作为纳采之礼和陪嫁
之物便习以为常，酒也就顺理成章成了绍兴男婚女嫁中的习俗。这
里最典型、最有代表性的则是有关"女儿酒"的传说。

相传"女儿酒"为
女儿出世后着手酿制，
并贮存于干燥地窖中，
或埋于泥土，或打入夹
墙。待女儿长大出嫁之
时，便取出来宴请客人
或作陪嫁之物。

"女儿酒"对酒
坛较为讲究，先在土坯
上塑出各种人物、花卉
图案，待烧制出窑后，
请画匠彩绘山水亭榭、
飞禽走兽、仙鹤寿星、

喜宴酒

嫦娥奔月、八仙过海、龙凤呈祥等各种名胜风景、民间传说或戏曲
故事。画面上方题有祝辞，或装饰图案，再填入"花好月圆"、"万事
如意"、"五世其昌"、"白首偕老"等吉祥用语，寄寓对新婚夫妇的
美好祝愿。这种酒坛便称作"花雕酒坛"。绍兴的婚嫁酒俗中除女
儿酒外，旧时还有不少名目，如"订婚酒"、"会亲酒"、"送庚酒"、
"纳采酒"等，均由男女双方各自操办。订婚是婚嫁过程中仅次于
结婚的一个重要仪式，是正式婚礼的前奏曲。如今，在绍兴的不少
地方依然非常重视订婚仪式，摆酒席、会亲友，因此，"订婚酒"已
成为绍兴的一个重要酒俗。

生丧酒俗　在绍兴，人生的每一个阶段都与酒有着密不可分
的关系。酒作为表达情感的重要方式，人们寄托了美好的愿望。如
孩子满月的"剃头酒"，周岁时的"得周酒"，以后人生逢十办的"寿
酒"，直至去世时的"白事酒"，又称"丧酒"。特别是"剃头酒"，绍
兴和其他区域又有所不同，除用酒给婴儿润发外，有的长辈还在喝
酒时用筷头蘸一点酒，给孩子吸吮，希望孩子长大后如长辈一样，
有福分喝"福水"（绍兴人把酒叫做"福水"）。可以说，喝酒已在绍
兴形成了一套约定俗成的独特礼仪。

岁时酒俗　旧时，绍兴岁时酒俗众多，从农历腊月"请菩萨"、
"散福"到正月十八"落像"为止，因都在春节期间，所以称为"岁
时酒"。在绍兴，腊月二十前后要把祖宗神像从柜内"请"出来祭祀

一番，叫做"挂像酒"。到正月十八，年事完毕，再把神像请下来，即为"落像酒"。除夕之夜的"分岁酒"要一直喝到新年来临为止。正月十五则要喝"元宵酒"。

时令酒俗 中国传统的祭祀节很多，绍兴也不例外。清明祭祖要喝"清明酒"；端午来临，要喝"端午酒"。端午这天，家家门前挂起菖蒲、艾草辟邪，置备"五黄"（黄鱼、黄鳝、黄瓜、黄梅、雄黄酒），并蘸上雄黄酒在小孩面额上写个"王"字，以避邪祟；农历七月十五为中元鬼节，据说要演"鬼"爱看的木莲戏，并喂"七月半酒"；冬至这天，要焚化纸衣供死者"御寒"，并烧纸钱怀念先祖，当然，还要喝"冬至酒"。

农事酒俗 旧时，绍兴人大多从事农业和手工业，为祈祷丰收和六畜兴旺，在农事关键时节，要摆宴请客喝酒。每年春耕开始，农家视牛为宝，在农历二月初三"春牛节"，牵牛游街，并办酒席互请，称为"请春牛酒"。此外，还有"插秧酒"、"麦收酒"以及秋收后的"庆丰酒"等。

商业酒俗 商业酒俗不似农事酒俗那样固定，唯有规模稍大一些的店家年终办"谢伙酒"是统一的。"谢伙酒"又被雇工称为"包裹酒"，意即辞退员工的酒席。老板对将辞退者在酒席上格外客气，委婉讲出辞退理由。还有新店开张的"开业酒"，股东年底结账的"分红酒"，拉拢关系的"利市酒"，以及由商会举办的"行会酒"。

生活酒俗　作为酒乡、酒都，绍兴人的生活与酒紧密相连，丰富多彩的生活酒俗便是例证。如关于房子，绍兴人就要办不少酒，像"奠基酒"、"上梁酒"、"落成酒"等，进新房时的"进屋酒"。宴宾请客则要办"接风酒"、"饯行酒"、"赏灯酒"等。调解纠纷则有"和解酒"，财力不济、救急解难时有"会酒"，有关和解肇事的"罚酒"，答谢亲友和乡邻的"谢情酒"等。

丰富多彩的绍兴酒俗既联络了绍兴人的感情，也推动了绍兴黄酒业的发展。从营销学的角度看，绍兴酒俗为绍兴黄酒营造了一片稳定的市场。而酒俗的生活化对于发扬光大绍兴酒和酒文化有着极为深远的影响。此外，文人墨客对绍兴酒的青睐更成为绍兴黄酒得天独厚的无形资产。在崇尚饮酒文化的今天，天成人工、千古传承的美酒文化和纷繁多彩的酒事必将为绍兴酒增添几分神秘色彩，绍兴黄酒必将因此而长盛不衰。作为中国酒文化的一朵奇葩，绍兴酒必将永远芬芳隽永，回味无穷。

绍兴黄酒与俗语　酒不但可以喝，还可以说。尤其在一些俗言俚语中，随处可见"酒"的身影。"老酒糯米做，吃了变肉肉"，说的是绍兴老酒的营养价值高；"雪花飞飞，老酒咪咪"，"扯得尺布勿遮风，吃得壶酒暖烘烘"，是指绍兴酒良好的御寒功效；"老酒日日醉，皇帝万万岁"，说的是一种喝酒境界；"借来壶瓶赊来酒"，则将一种穷酸相表达得淋漓尽致；"吃饭要过口，吃酒要对手"，是指喝酒的氛围；"剁螺蛳过老酒，强盗来了勿肯走"，则形象地描述了绍兴人对酒的至爱和独特的生活习俗。而"酒在肚里事在心"、"吃酒误事"、"前世勿修，腌菜过酒"、"酒醉三分假"等等，则更有一番深意在其中。

绍兴黄酒酿制技艺的保护

绍兴黄酒酿造工艺是在长期的社会交替的历史演变中完成的。它是伴随着地方经济的发展而不断发展，最终定型在绍兴这样一个酒文化名城。绍兴县与绍兴城交相辉映互为促进，数百年来因对其产品的推崇和良好的技艺传承其精华少有变动。这一方面得益于技术的高新成熟，另一方面是得益于产品的精致品质而上升到艺术境界。

绍兴黄酒酿制技艺的保护

[壹]绍兴黄酒酿制技艺保护计划

　　近年来，在国家、当地政府、行业协会企业和社会各界的全力支持下，绍兴黄酒酿制技艺得到了一定发展，几大传承过程中，涌现了一批酿制技术精湛的高级技师。尤其是通过传、帮、带活动，一支富有实践经验的中年技师队伍已逐步成长起来。

　　近年来，通过对绍兴黄酒集体品牌的宣传和绍兴黄酒酿制技艺的继承，绍兴黄酒的影响力不断扩大，国内、国际市场的知名度不断提升，一轮新的绍兴黄酒的消费热潮正在悄然形成。消费者对绍兴黄酒的认可度和忠诚度也得到进一步提升。此外，要进一步强化绍兴黄酒非物质文化遗产保护工作，争取申报世界级非物质

绍兴黄酒产业发展论坛

文化遗产。

[贰]绍兴黄酒酿制技艺保护内容

1.对绍兴黄酒的历史沿革进行系统研究,目前已编辑出版了《绍兴酒文化》、《中国绍兴黄酒》、《绍兴酒鉴赏》、《琥珀色的诱惑》、《沉醉绍兴酒》、《情醉会稽山》、《黄酒之源会稽山》等相关专著。

2.建立绍兴市酒文化研究会,弘扬和发展绍兴黄酒文化,并就绍兴黄酒酿造技术及其在社会、经济、学术、文化上的突出价值进行系统研究。

3.已完成了中国黄酒博物馆建设,重点对搜集的有关绍兴黄酒的史料进行归类、整理、存档,研究出版绍兴黄酒酿造技术专著。

4.继续加强酿酒技师、高级技师的培训工作,加强绍兴黄酒酿制技艺的传承普及工作,加强对传承人的管理培训工作。

5.在大专院校设立黄酒酿造专业,深入研究绍兴黄酒工艺技术及发酵机理。

6.组织培养一支高素质技师队伍,发扬光大绍兴黄酒。

7.“绍兴黄酒”成功申报中国驰名商标,力争成为世界知名品牌,提升品牌价值,促进产业发展。

[叁]绍兴黄酒酿制技艺保障措施

成立由市政府领导任组长、各部门负责人参加的“振兴绍兴黄

超市摆放的绍兴黄酒

酒"领导小组，发布绍兴黄酒振兴纲要，综合管理全市黄酒业的发展。积极做好协会换届工作，吸收黄酒专家和有关管理人才进入协会，完善协会职能，加强行业管理。进一步加强绍兴黄酒质量监督和管理，确保绍兴黄酒声誉。不断加大对假冒绍兴黄酒的打击力度，维护知识产权不受侵犯。

一、现有法律法规层面

1.绍兴黄酒"、"绍兴老酒"证明商标注册、海关知识产权保护备案。

2.绍兴黄酒国家地理标志（原产地域产品）保护。

3.浙江省鉴湖水系保护条例。

4.绍兴市政府绍市府发（1995）114号《印发关于加强绍兴黄酒生产销售管理若干意见的通知》。

5.绍兴市政府绍政办发（2004）31号《关于印发振兴绍兴黄酒业纲要的通知》。

6.绍兴市政府绍政办发（2004）32号《关于印发振兴绍兴黄酒业的若干意见》。

7.绍兴市人民政府绍政发（2009）18号《关于提升发展纺织等五大产业若干政策的通知》（关于提升发展公共饮料产业的意见）。

二、建立保护机制层面

建立保护绍兴黄酒的长效机制，由市政府出台相关政策，创造良好外部条件，鼓励企业扩大对外宣传，创牌创优；扩大对外开放，通过招商引资，加快绍兴黄酒业发展；正确处理好传统与现代工艺关系，保护传统酿酒工艺，不使其失传；加快人才培养，保护传承人，有计划地培养后续人才；深入研究绍兴黄酒的起源、历史及其与经济、社会发展的关系，推进出版《绍兴酒丛谈》、《绍兴黄酒发展史》等书籍；对绍兴黄酒发酵机理的研究，特别是对已取得地理

中国黄酒博物馆外景

标志产品保护和获得"绍兴黄酒"、"绍兴老酒"证明商标的15家黄酒生产企业实行重点保护，制订并完善绍兴黄酒质量管理体系，强化监管力度；选择2至3家样板企业通过师徒传承传授绍兴黄酒酿制技艺，培养酿酒后续人才，继承并发扬绍兴黄酒传统酿制技艺，加快绍兴黄酒新产品的研发和绍兴黄酒酿制技艺世界非物质文化遗产项目的申报工作，提高绍兴黄酒品位和档次。继续举办中国绍兴黄酒节，实施产业联动，共谋发展之路。加强对黄酒高级技师的保护和培育，有计划地开展业务培训、技术交流，提高业务技术水平。

绍兴黄酒开酿节

附录:

[壹]绍兴黄酒酿制技艺的研究

一、《绍兴酒文化》（钱茂竹主编，中国大百科全书出版社上海分社，1990年出版）

本书由绍兴文理学院教授钱茂竹主编。主要讲述绍兴古城和绍兴酒的历史；绍兴酒的品类和酿造方法，饮用和贮藏知识，营养成分和独特风格；流传在绍兴的酒具、酒谚、酒俗和酒史佳话；充满酒意、酒香的诗词名句；绍兴酿酒工业和绍兴酒店的今昔。资料翔实，笔调生动。可供专业工作者参考，也可供广大读者阅读以增长知识，培养高尚情趣。

二、《中国绍兴黄酒》（马忠主编，中国财政经济出版社，1999年出版）

本书由原绍兴市副市长、中国商业史学会副会长马忠主编。从绍兴黄酒历史、工艺、技术、酒品、酒趣、酒艺、酒俗、酒包装等多个视角进行了系统全面的阐述，集知识性、普及性、学术性于一体，是认识和了解绍兴黄酒的一个良好窗口。

三、《绍兴酒鉴赏》（杨国军主编，浙江摄影出版社，2006年出版）

本书由会稽山绍兴酒股份有限公司原科研所所长、教授级高级工程师杨国军主编。以地理标志产品保护为背景，图文并茂地介绍了绍兴酒的历史渊源、人文内涵、地理特征、酿造工艺、贮存包装、分类品种、品尝鉴评、饮用配菜、营养功效，以及酒典佳话、酒缘文化等，通俗易懂，雅俗共赏。本书既可作为酒类从业人员的参考用书，也是喜爱绍兴酒之人士和广大消费者全面认识和感受绍兴酒的一个窗口。

四、《沉醉绍兴酒》（傅建伟著，2006年出版，香港新闻出版社）、

《琥珀色的诱惑》（傅建伟著，2007年出版，亚洲传播出版社）

此两书皆为绍兴黄酒集团掌门人、教授级高级工程师傅建伟所撰。从绍兴黄酒的历史、渊源、文化、酒俗、斟酌、经营、战略等多个侧面，以黄酒企业经营者和酒文化爱好研究者的独特视角，或诗，或文，阐述了绍兴黄酒的人文历史内涵，使读者沉醉于绍兴黄酒的神奇乐趣之中。

五、《黄酒之源会稽山》（杨国军编著，西泠印社出版社，2008年出版）

本书由会稽山绍兴酒股份有限公司教授级高工杨国军主编。着重介绍了我国古代"九大名山"之首、五大"镇山"之南镇会稽山作为名山和绍兴酒名酒品牌的历史渊源和文化内涵。包括绍兴十多位越文化研究专家对"会稽山"与绍兴酒的历史文化研究成果，以及会稽山绍兴酒企业掌门人傅祖康对做大绍兴黄酒业的思考等相关内容。全书共分品牌溯源、总裁论道、媒体聚焦和企业视角四

个章节。

[贰]绍兴黄酒酿制技艺价值及社会现实思考

绍兴黄酒是中华民族的宝贵财富，是世界酒林中一朵绚丽多彩的奇葩。在漫长的历史进程中，绍兴黄酒形成了一套独特的酿造技艺，这一技艺对于展现中华民族文化的创造力，促进地方经济的发展，弘扬黄酒文化，有着极为重要的作用。

一、对展现中华民族文化创造力的杰出价值

绍兴地处钱塘江以南，远古时期的河姆渡文化和良渚文化在这里交汇、贯融，形成独特的"越文化"，从而成为华夏文明发祥地之一。绍兴的越文化可追溯至大禹文化及远古传说。在华夏文化和吴越文化中也有其重要的地位。绍兴黄酒酿制技艺在历史的发展过程中，不断演变、不断成熟，不但成为长江下游酒文化的杰作，也是整个长江文化、吴越文化乃至中国酒文化的骄傲。作为一种特殊的文化表现形式，绍兴黄酒文化不但是越文化的一个重要分支，而且是越文化的一支主旋律。越文化因酒而充满激情和活力，是中国民族的文化，是我们共同的财富。作为长江下游一种传统的区域文化，越文化在历史发展中由于特定的活动方式和思维方式积淀而形成，是中华文化的有机组成部分，有其显著性和典型性。特别是越地的民俗（酒情、酒俗、酒会）风情，作为越文化重要的组成部分，更沿续了古老百越民族习俗文化的传统基因。无论是典籍上记载的古越人

断发文身之类的原始风情，还是流传于后世的种种越地民情、礼俗等生活方式及民间信仰，均反映出古越人质朴、悍勇、进取的心理特征以及稍带野性的精神气质。正因如此，古越文化与并求礼乐文饰的华夏文明之间又存在着较大差异，而且和邻近的吴文化亦有诸多不同，显示其自身个性。梁涌先生在《论越文化的精神内核》一文中认为，越文化七千年的发展史中，最能与其他区域文化相区别的是"尚智文化"或称"智文化"。梁涌认为：如果齐鲁文化是一种"君子文化"，崇周礼、重教化、尚德义、重节操成为传统的风尚；荆楚文化是一种浪漫与节烈并蓄的文化，"秦灭六国、四方怨恨，而楚尤发愤，势虽三户必亡秦，于是江湖激昂之士，遂以楚声为尚"（鲁迅语）；湖湘文化是种豪勇文化，散发着"胆识超凡、负气霸蛮"这样

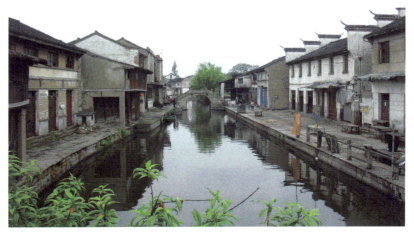

酒乡风貌

勾践复国雪耻

的"特别独立之根性"，那么越文化则是一种个性鲜明的尚智文化。个中区别缘于越地独特的生存环境和地域特性差异。其中，绍兴独特的黄酒文化对越文化更具有深远的影响，越王勾践以酒兴国，卧薪尝胆、箪醪劳师便是有力的佐证。

公元前494年，勾践被夫差打败，为保存国力，听从大夫文种的计策，入吴为质。临走之时，群臣送于浙水之上，"临水祖道，军阵固陵"，大夫文种上前敬酒两杯，并进祝辞："皇天佑助，前沉后扬……臣请荐脯，行酒二觞。"勾践听后，"仰天太息，举杯垂涕，默无所言"。此时，文种再次举杯："大王德寿，无疆无极。……觞酒既升，请升万岁。"饮酒毕，勾践激动无比，情绪振奋，自责失国之罪，以致"今遭辱耻，为天下笑"。并请众臣发表复国良策，于是众臣纷献计策，各述其志，同心护国。二次进酒和祝酒辞，言辞悲切，群情激奋，君臣共饮，莫不感伤。既是深情的送别，更是壮烈的饯行。到吴国后，勾践忍辱负重，瞒天过海。为报国仇，他"苦身焦思，置胆于坐，坐卧即仰胆，饮食亦尝胆也"，终于取得吴王信任而回国。这一事例可以说是崇智尚谋的典范。

公元前492年，为增强国力，勾践采取了生聚计策，并发出告示："生丈夫(男孩)，二壶酒，一犬；生女子，二壶酒，一豚。"(《国语·越语》)这里，勾践把酒作为鼓励生育的奖品。经过十年生聚、十年教训，勾践终于完成了他的复国大计。在勾践的复国史中，酒已成为他兴越灭吴，完成复国大业的主线，从浙水送别酒、生育奖励酒、宫中韬晦酒、出师投醪酒直到文台庆功酒，酒构成了一部越国发愤图强的激昂乐章，成为越国复兴的历史见证和越酒文化辉煌的经典，进而引导并振兴了越文化中心区域经久不衰的民风和民俗。可以这么说，正是由于越酒对越地民俗和风情演变所发挥的重要作用，从而促使古越大地成为人才辈出、名士荟萃之地，使越地成为展现中华民族创造力的杰出代表。无论是大禹为民治水、不畏艰辛、三过家门而不入的献身精神，还是勾践卧薪尝胆、为国雪耻、奋发图强的坚韧意志；不论是陆游抗敌御侮，万死不辞的爱国热情，抑或刘宗周、王思任等宁死不屈、以身殉国的壮烈气节等等，时时刻刻都在激励着我们每一个炎黄子孙，并成为中华民族奋发进取、自强不息的精神动力。

二、对发展地方经济的重要价值

绍兴黄酒酿制技艺是古越先民丰富经验和智慧的结晶，更是中华民族在几千年历史发展中积累起来的宝贵遗产和财富，其在学术、历史、文化、艺术、经济等多个方面具有极为重要的历史地位和价值。

1. 学术价值

绍兴酿酒工艺融微生物学、微生物生理学、有机化学、生物化学等多门发酵工程学科于一体，其独特的"三浆四水"配方，开放式、高浓度发酵以及发酵产物中高含量的酒精，千年传承的小曲（酒药）保存方式，确保发酵正常进行的独特措施等等，都是我们研究中国酿酒科技史的重要素材。深入研究这一展示越地民族乃至中华民族杰出创造力的精湛技艺，研究绍兴黄酒酿造工艺演变历史，对于揭示中华民族对酿造科学的认识进程和绍兴黄酒酿造的科学机理具有重要的学术价值。

2. 历史价值

绍兴酿酒史最早可追溯到春秋战国时期，延续至今已有2400多年的历史。长期以来，绍兴黄酒作为一种重要载体，在越地民俗、风情的演变并创造古越文化的辉煌方面，发挥着重要作用，具有重要的历史研究价值。绍兴众多与酒有关的街名、山名、村名便是对绍兴辉煌酿酒史的有力见证，如绍兴城里的酒务桥，是五代时酒务司所在地。绍兴城南的投醪河，是当年越王勾践以酒投江，劳师出征之地。禹陵边的酒缸山，山上有大小不同的九块圆形巨石，倒置山间，形状酷似酒缸。还有，鉴湖镇中心的"壶觞"村是历代绍兴黄酒中心产地之一。所有这些，对于我们研究绍兴黄酒的历史渊源、有关绍兴酿酒的民俗风情具有重要的历史价值。

3. 艺术价值

酒里乾坤，壶中明月。绍兴人以酒为业，以酒为乐。酿酒、饮酒之风长盛不衰。祀祖、祝福，清明、端午、中秋、重阳等传统节日都少不了酒，每遇赏心乐事，把酒临风，开怀畅饮已成习俗。从而在绍兴形成了一种独特的文化氛围，即酒俗。其代表便是有名的"曲水流觞"，这可以说是酒与艺术、崇智结合的最佳典范，并成为中国文化史上"文酒风流"的一道亮丽风景。特别是书圣王羲之借酒抒情，留下传世墨宝《兰亭集序》，充分彰显越文化之性灵取向。此外，南宋"永嘉四灵"，元末杨维桢、王冕，明朝徐渭、张岱、王思任，直至清朝袁枚、龚自珍等的文学艺术作品，均有绍兴黄酒文化的促成之功。这也是绍兴黄酒的艺术价值之所在。

4. 经济价值

长期以来，绍兴黄酒一直是绍兴地方的传统支柱产业，在当地经济发展中发挥了重要作用。酿酒业属于劳动密集型产业，因此，绍兴酿酒业为当地解决了相当数量的劳动力就业问题。此外，绍兴黄酒以糯米、小麦等纯粮酿造，从而可以有效促进当地农业生产发展，增加农民收入。再者，绍兴黄酒除满足国内市场需求外，同时出口世界三十多个国家和地区，为国家换取大量外汇。2008年，全市有黄酒从业人员1万余人，生产绍兴黄酒45万千升，年销售收入37亿元，出口黄酒10000多千升，创汇2000多万美元。

三、绍兴黄酒酿制技艺面临的社会历史现实

绍兴黄酒的酿制技艺是在长期的社会交替和历史演变中逐步完善并形成的，有其深厚的历史背景，它是伴随着绍兴地方经济的发展而不断发展并最终定型。在绍兴这样一个酒文化名城，绍兴黄酒与绍兴城交相辉映，互为促进。"酒因城而名闻遐迩，城因酒而风望倍增"。对绍兴黄酒这一传统的酿造工艺，自定型以来，虽几经变迁，但数百年来因对其产品的推崇和良好的技艺传承，其精华少有变动，这一方面缘于技术的高度成熟，另一方面也是缘于产品的精致品质而上升到艺术的境界。

随着现代科技的不断发展，特别是现代生物工程技术、基因工程技术对微生物生理、生态的剖析日益精细，绍兴黄酒神秘的面纱被慢慢揭开，加上近年来社会变迁导致职业技师角色错位和待遇歧视，使绍兴黄酒传统酿造工艺一度乏人继承，长此以往，必将造成绍兴黄酒这种传统酿造工艺的变异和失传，其面临的历史和社会现

实不能不引起我们的思考和反思。

1. 外来文化、新消费观对传统文化的冲击导致传统产品消费产生偏差

社会的剧烈变革促进了不同文化间的相互交流,近年来,随着改革开放的不断深入,新经济的快速崛起,西方外来文化对我国本土文化的冲击日益严重。东西方文化的交流和互动催生了新的生活理念,现代消费快节奏、多变性、随机性特点又使得各酒类生产企业,特别是传统酒类生产企业面临更大的生存压力。一方面,东西方文化的交流促进产品升级和更新换代;另一方面,人们的消费观也在文化的冲击和碰撞中发生着急剧变化,对产品的期望也越来越高。绍兴黄酒独特的历史和文化背景决定了其存在着一批相对稳定的消费群体,但在激烈的市场竞争中,同样面临着生存问题。传统的绍兴黄酒酿造工艺面临着现代高新技术的挑战。如何在改革、创新的同时,继承好绍兴黄酒酿制技艺这一传统文化遗产,对于振兴绍兴黄酒业,确保产业可持续发展,值得深入研究和探讨。

2. 相关酒类产品和现代消费理念使传统工艺、传统风味面临挑战

随着现代人生活质量的提高和新颖消费观的倡导,人们已从单纯的追求感官刺激向崇尚绿色健康、从借酒助兴向社交礼节和个性张扬转变。市场对低度新品黄酒需求与日俱增。此外,绍兴黄酒饮后较强的"后劲"和独特"曲香"在一定程度上阻碍了市场拓展的步伐，进而形成较为明显的季节性消费特点。而传统绍兴黄酒较长的生产周期、复杂的工艺特点、初期较大的资本铺垫，使企业在新建或扩大再生产时相对注重现代新的酿造工艺和生产方式，或抛弃传统工艺，或改良传统工艺，或直接采用现代新工艺，从而在很大程度上影响了绍兴黄酒酿造工艺的传承和发展。要做好这一保护工作，就必须有充足的人力和财力作保障。

3. 技术重要性认识错位，导致专业人才组织培养后继乏人

绍兴黄酒酿制技艺是一种基于传统的经验和感觉的手工技艺，尤其是对于"开耙"时间、间隔、温度、火候等的把握更需要有多年的经验积累。"开耙"操作习惯的不同，成品酒的风格也会有截然差异。可以说，酒产品的质量受酿酒师个人的认知水平和实践积累影响较为明显。而作为绍兴黄酒酿造技术关键的"开耙"技术又非一朝一夕所能掌握，需要长期艰苦的跟班操作和实践磨炼。而且，酿酒技术的提高、质量的确保更需要有扎实的酿酒专业理论知识作为铺垫。黄酒的酿造技术作为一种独特的艺术，技能的传承、实习、提升、发展需要较长的时间和相关的制度、政策作为保证。如果不建立稳定、专职的技师队伍并经常性地开展技术交流活动，尤其是有强劲的基础研究和技术研究作为支撑，绍兴黄酒必会遭遇困境，并面临相关酒类产品的夹击危机。对此情况，各相关企业，尤其是绍兴黄酒的骨干企业应引起足够的认识和重视。

4. 加强鉴湖水资源保护，确保绍兴黄酒的产地属性和独特品质

"水乃酒之血"，绍兴黄酒之所以能独步中国酒界，并在世界酒林中占据一席之地，其独特的鉴湖水质功不可没。鉴湖水是绍兴黄酒的灵魂，独特的酿造工艺固然重要，但优质的鉴湖水是奠定绍兴黄酒历史地位，并扬名于世的重要原因。此外，绍兴独特的地理、气候环境，尤其是长期酿酒过程中所形成的特定区域环境以及该区域环境中独特的微生物种群结构及分布，对绍兴黄酒的品质有着极为重要的影响。为什么离开了绍兴就酿不出正宗的绍兴黄酒？为什么台湾以及苏州等地的仿绍酒不能久存而香郁味醇？为什么国内这么多黄酒品种中只有绍兴黄酒依然长风破浪？个中原因我们应该好好地反思。随着国家新农村建设步伐和绍兴城市化进程的不断加快，特别是绍兴作为经济强市，快速增长的经济在为国家和地方财政创造良好效益的同时，纺织、印染以及酿酒业本身发展对环境所造成的损害，对地域环境和酿酒水质的影响也应引起各级政府和相关企业的高度重视。如何处理好经济发展和环境保护这一对矛盾，如何在抓好经济强市的同时，建设好文化名市，并做好基于深厚文化底蕴之上的包括酒文化在内的旅游大市的文章，对绍兴黄酒这一传统产业的可持续发展有着深远的影响。否则，产品品质的下降将不可避免，这也是绍兴城市的决策者和建设者们不能回避的问题。

参考文献

1. 杨国军:《绍兴黄酒酿制技艺》,国家非物质文化遗产代表作申报书,内部资料,2005年

2. 周清:《绍兴酒酿造法之研究》,上海,新学会社发行,民国十七年

3. 绍兴市地方志编纂委员会编:《绍兴市志》,浙江,浙江人民出版社,1996年

4. 绍兴县地方志编纂委员会编:《绍兴县志》,北京,中华书局出版社,1999年

5. 东浦镇志编纂办编:《东浦镇志》,内部资料,1998年

6. 浙江省轻纺工业志编辑委员会编:《浙江省轻工业志》,北京,中华书局,2000年

7. 杨国军主编:《绍兴酒鉴赏》,浙江摄影出版社,2006年

8. 傅建伟著:《沉醉绍兴酒》,香港新闻出版社,2006年

9. 傅建伟著:《琥珀色的诱惑》,亚洲传播出版社,2007年

10. 钱茂竹主编:《绍兴酒文化》,上海,中国大百科全书出版社 上海分社,1990年

11. 李永鑫主编:《胆剑精神文集》,绍兴市社会科学界联合会

12. 马忠主编:《中国绍兴黄酒》,北京,中国财政经济出版社, 1999年

13. 傅祖康策划、杨国军主编:《黄酒之源会稽山》,杭州,西泠 印社,2008年

后记

　　2005年9月，笔者负责起草《绍兴黄酒酿制技艺》国家级非物质文化遗产保护项目申报材料。在时间紧迫、任务繁重的情况下，本着对行业的热爱和传承绍兴黄酒酿制技艺、弘扬绍兴黄酒文化的使命和责任，经过15个昼夜的艰苦撰写，终将两万余字的申报材料按时交稿，为项目成功申报并列入首批国家非物质文化遗产保护项目尽了绵薄之力。时隔三年，承蒙市经贸委和黄酒协会领导的垂爱，再次应邀撰写"浙江省非物质文化遗产代表作丛书"《绍兴黄酒酿制技艺》书稿，在感谢领导信任的同时，也深感肩上责任重，压力大。

　　绍兴黄酒是中国黄酒的杰出代表。绍兴独特的气候环境，优良的鉴湖水质，为酿制绍兴黄酒提供了得天独厚的地理条件。千年传承的精湛酿酒技艺更为绍兴黄酒提供了优良的品质保障。早在明清时期，绍兴酒已销往东南亚国家。1915年，"绍兴周清酒"在美国巴拿马万国博览会上为绍兴酒获得第一枚国际金奖，从此，绍兴酒走向世界。20世纪80年代，绍兴黄酒又荣登国宴，并作为外宾招待用酒。2000年，"绍兴黄酒"成为我国首批原产地域（地理标志）保护产品并获证明商标注册。2007年，"绍兴黄酒"被认定为"中国驰名商标"。色泽橙黄清亮，香味馥郁芬芳，口味甘鲜醇厚、幽雅柔美的绍兴黄酒令古今中外多少饮者念念不忘，沉醉不已。更有国际友人，以"东方名酒之冠"、"东方红宝石"美誉相冠。绍兴黄酒，登峰造极，名扬天下。

在本书的编撰过程中，绍兴市经贸委商城飞副主任、楼国庆处长、绍兴市黄酒行业协会陈祖亮秘书长以及市文广新局相关领导对书稿的编撰工作给予了大力支持，省专家都一兵对书稿进行认真审读，并作修改指导，在此特别致谢！本书的编撰，同时参考了2005年《绍兴黄酒酿制技艺》国家级非物质文化遗产项目申报书和拙作《绍兴酒鉴赏》之相关内容，还参考了《绍兴市志》、《绍兴县志》、《东浦南村志》、《绍兴酒文化》等其他文献史料。此外，本书还参考并引用了网络及其他一些相关的文献和图文资料，恕不一一注明，在此一并真诚致谢！

由于时间紧张，加之笔者水平有限，书中不足之处在所难免，敬请方家不吝赐教。

杨国军

2009年4月28日

出 版 人　蒋　恒
项目统筹　邹　亮
责任编辑　刘　波
装帧设计　任惠安
责任校对　程翠华

装帧顾问　张　望

图书在版编目（ＣＩＰ）数据

绍兴黄酒酿制技艺/杨国军编著.-杭州: 浙江摄影出
版社，2009.9（2023.1重印）
　（浙江省非物质文化遗产代表作丛书/杨建新主编）
　ISBN 978-7-80686-793-8

I.绍… II.杨… III.黄酒-酿造-绍兴市 IV.TS262.4

中国版本图书馆CIP数据核字（2009）第086879号

绍兴黄酒酿制技艺
杨国军　编著

出版发行　浙江摄影出版社
　　　　　　地址　杭州市体育场路347号
　　　　　　邮编　310006
　　　　　　网址　www.photo.zjcb.com
　　　　　　电话　0571-85170300-61010
　　　　　　传真　0571-85159574
经　　销　全国新华书店
制　　版　浙江新华图文制作有限公司
印　　刷　廊坊市印艺阁数字科技有限公司
开　　本　960mm×1270mm　1/32
印　　张　5.25
2009年9月第1版　　2023年1月第2次印刷
ISBN 978-7-80686-793-8
定　　价　42.00元